Beautiful house of the world

세계의 아름다운 주택

Takeshi Hirobe 저 유호철 옮김

차례

Architect Column

건축가 컬럼

Prologue

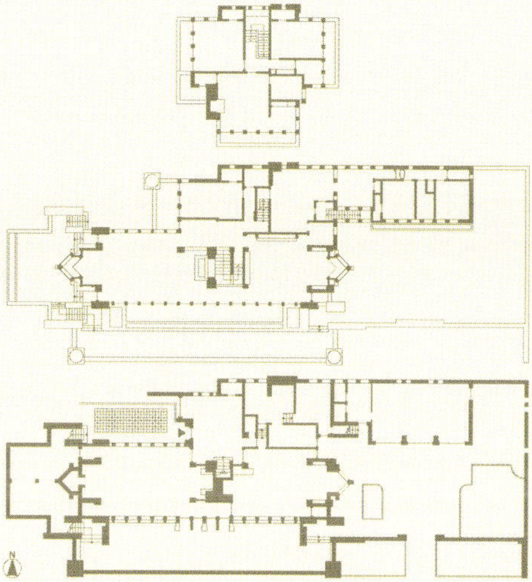

Robie House / Frank Lloyd Wright
1910년 준공, 미국 · 시카고

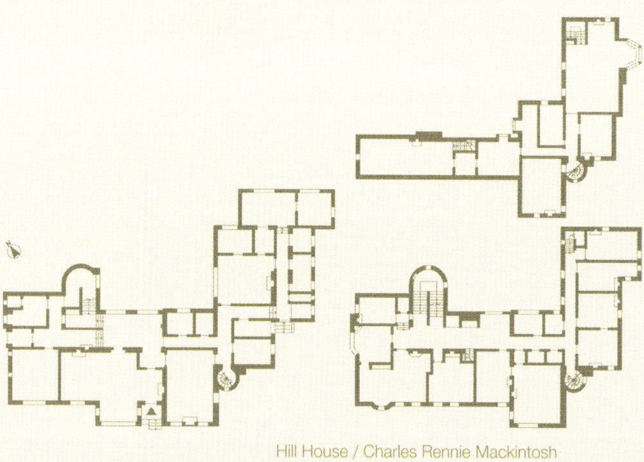

Hill House / Charles Rennie Mackintosh
1904년 준공, 영국 · 헬런즈버그

시작하며 Introduction

처음 발을 디딘 이집트의 하늘 아래에서 이 글을 쓰기 시작했다. 평온하게 흐르는 나일강의 수면을 핥는 배 위에서는 끊임없이 이어지는 사람의 행위와 광대한 대지와의 대화의 축도가 흘러가고 있다. 이 강의 기원에서 문명이 탄생하고, 오늘 실제로 본 유적들이 만들어진 것이 기원전 3000년 즈음부터 로마에 지배당한 기원 1세기 즈음의 일이다. 로마에서 시작된 유럽 문명은 항상 이 땅을 의식하고, 참조하고, 약탈했다. 제정 로마시대 이후에 침략당한 오벨리스크[※1] 중 하나는 바티칸 제국의 산 피에트로 광장에 우뚝 서 있다. 모더니즘[※2]의 명작 주택에 대해서 이야기 하는 것은 수천 년에 걸친 인류의 행위에 비하면 한순간의 사건일지도 모른다. 하지만 그 주택에는 그것을 인도하는 시대의 풍경이 있고, 기술혁신이 있으며, 그리고 무엇보다 그 건축을 탄생시킨 건축가의 인간성이 있다. 이 땅에서 아침 일찍부터 지난날의 유적을 둘러보며, 한때의 문

나일강에서 바라본 석양. 정기적인 증수나 홍수로 비옥한 흙을 하류 유역으로 문명이 탄생하고 길러지고 운반되었다. 이 때문에 고대 이집트 문명은 「나일강의 하사품」이라고 불린다.

※1 신전 등에 세워진 기념비. 고대 이집트 (특히 이집트 신왕국) 시기에 만들어진 19세기에 발전된 건축양식의 총칭.
※2 산업혁명으로 인해 그때까지 주류였던 고전주의 건축으로부터 이탈을 도모하였다. 인터내셔널 스타일이라고도 불린다.

명이 이루어낸 것의 위대함을 느끼면서 그 건축을 통솔하는 것은 무엇인가에 대해서 생각해 보았다. 이집트 유적 중에는 기원전 건축가의 이름이 확실히 남아있는 것도 있지만, 기본적으로는 파라오와 신들, 그 역할, 이콘(초상)이 가지는 의미, 그리고 건축에 무수히 새겨진 그림과 문자에 의해서 전해져야만 하는 것이 정해져있고, 동요되지 않는 예술성과 함께 건축 본연의 상태가 전해진다. 그것에서 느낄 수 있는 것은 바로 집단지성이다.

한 사람의 인간이 그 개성에 의해 창작을 계속해나간다, 라는 행위가 나타내는 것은 미켈란젤로[※3]나, 다빈치[※4]가 등장하는 르네상스 시대부터이다. 그것은 시대의 집단지성으로서의 건축이 개인적인 것이 된 순간일지도 모른다. 그로부터 긴 시간에 걸쳐 19세기 후반에 일어난 산업혁명[※5]이 건축양식에 큰 임팩트를 초래했다. 증기기관에 의해서 열차나 증기선이 탄생했고, 그때까지와는 다른「공간」이 요구되었다. 그 공간의 합리성에 민감하게 반응한 것이 르 코르뷔지에[67쪽] 등, 후에 근대 건축가라고 불리는 건축가들이었다. 그렇다면「모더니즘」은 어떤 것

우측: 저자의 아부 심벨 대신전 스케치. 벽면에 새겨진 커다란 4개의 모습은 모두 당시 파라오 람세스 2세이다. 중앙 입구 위쪽에는 태양신 라의 상이 배치되어 있다. 위쪽: 호루스 신전의 아름다운 부조.

※3 미켈란젤로 부오나로티 (1475~1564). 르네상스 전성기를 대표하는 예술가이자 건축가. ※4 레오나르도 다빈치 (1452~1519). 미켈란젤로와 함께 르네상스 전성기에 활약한 예술가이자 과학자. ※5 18세기 중반쯤~19세기 초기에 일어났던 산업 기술의 혁신과 그에 뒤따른 사회구조의 변화. 기계제공장과 증기력의 이용을 중심으로 기술이 발전되었다.

을 경계로 어느 날 갑자기 생겨난 것일까?

그 대답은 아니라고 말할 수밖에 없다. 상징적인 건축을 몇 개인가 「특정해서」 그것이 시작이 되었다, 라는 것은 알기 쉽고, 듣는 사람에게 강한 인상을 주겠지만, 그것은 항상 건축이 가지는 많은 요소의 미묘한 변화에 의한 것이다. 동시대에 태어난 작품 중에서도 새로운 국면에 발을 들여놓은 공간도 있는 반면, 전시대적인 좋은 점을 아우르는 공간이 동시다발적으로 존재하기 때문이다. 프랭크 로이드 라이트[21쪽]의 명작인 「로비 저택」을 예로 들어 보자. 라이트가 제창한 프레리 하우스(초원주택) [※6]의 대표로 보이는 이 주택은 밖으로 내단 처마가 지니는 수평성 등이 근대적이라고 일컬어진다. 특필할만한 것은 내부 공간을 문이 달린 개별 공간으로부터 해방한 점이다. 용도에 맞춘 방을 하나의 공간으로서 연결하고, 각각에 필요한 기능을 가지게 했다. 한편, 큰 공간인 다이닝룸은 당시의 감상으로는 안정되지 않는 공간이라는 평을 들었다. 그래서 라이트는 배판이 높은 하이 백 체어를 디자인했다. 높게 뻗은 배판 의자를 둘러쌈으로 해서 그 공간에 친밀감이 있는 스케일을 만들어냈다.

로비 저택의 외관. 석조 토대와 보, 모르타르 옆 줄눈이 달린 벽돌 외벽이 건물의 수평적인 형태를 돋보이게 한다.

※6 20세기 초기에 라이트가 제안한 디자인 스타일. 지면과 일체가 되는 듯한 낮은 처마와 지붕, 동서남북으로 개방된 연속 창 등이 특징이다.

단순히 지금까지 없던 공간을 만드는 것뿐만 아니라, 주의 깊고 신중하며 세심함으로 가득한 디자인 본연의 모습이 주택 근대화에 한 걸음 더 다가선 좋은 예시이다.

또한 하이 백 체어[※7]로 유명한 스코틀랜드의 찰스 레니 매킨토시. 그 건축에는 합리적인 측면과 아르 누보[※8]적인 장식이 동시에 존재한다. 글래스고에서 열차로 한 시간 정도 걸리는 헬런즈버그역에서 조금 걷다 보면 언덕 위에 보이는 매킨토시의 작품 「힐 하우스」는 말 그대로 우두커니 서 있다. 외벽은 그레이 초벽칠(러프 캐스트). 스코틀랜드에서는 당시 일반적으로 사용되었던 소재로, 옆으로 들이치며 내리는 비를 견뎌준다. 내부에 발을 들이면, 검게 칠한 목재와 그레이 카펫으로 구성된 엔트런스 홀과 계단이 맞아준다. 레벨 차이를 두며 뒤를 돌아보면 계단에 이르는 플랜. 복도에서 방의 내부로 들어가면, 화이트를 바탕으로 한 꽤나 밀도 있게 디자인된 공간이 나온다. 붙박이 가구뿐만 아니라 놓인 가구, 조명기구, 커튼, 그리고 벽에 그려진 장식까지, 그 모든 것이 디자인되어 있다. 리빙룸에서는 장미 모티브, 벽면에 희미한 색채의 음영

저자의 힐 하우스 스케치. 좌: 침실, 우: 외관

※7 C.R. 매킨토시에 의해 디자인된 사다리 모양의 높은 등받이(높이 약 1.4m)를 지닌 의자. '레더 백 체어' 라고도 불린다.

※8 19세기말~20세기 초에 걸쳐 유럽에서 전개된 미술운동. 유리나 거울 등, 당시의 신소재에 꽃이나 식물 등 유기적인 모티브, 자유곡선의 조합에 의한 우아한 장식이 특징이다.

과 리듬이 흐르고 있다.

사실 앞서 저술한 하이 백 체어는 이 집을 위해 디자인되었다. 앉아보면 앉는 부분이 좁은 데다 배판이 수직으로 높고 길기 때문에 앉은 기분은 그리 좋지 않다. 하지만 침실 등, 이 의자가 벽 옆에 놓여있는 모습을 보면, 공간의 스케일감과 서로 어울려서 실로 훌륭하며, 상징적이다. 이것은 시각적인 구성요소로서의 필요성 때문에 디자인되었다고 생각한다. 이 저택처럼 가구도 건축의 요소로 구별 없이 연속적으로 디자인하는 것은 서서히 시대가 흐르면서 주류가 아니게 되었다. 그렇지만 이러한 시도를 한 공간은 지금도 만들 수 있고, 주 공간을 추상화시켜 나가며 〈잃어버린 것〉도 있지 않을까 하는 생각을 하게 한다.

이 책에서는 소개하는 근대의 명작 주택을 일부러 시간 순으로 나열했다. 그렇게 함으로써 분명 깨달을 수 있을 것이다. 그 건축을 탄생시킨 요소가 결코 정비례적인 진화에서는 없다는 것을. 그리고 그 건축에 정열을 쏟은 한 사람, 한 사람의 건축가의 〈모습〉이 떠오를 수 있다면 좋겠다고 생각한다.

모더니즘이 싹틀 무렵 작품 중 하나. 스톡홀름시 청사(1923년 준공). 스웨덴 출신 건축가 라그나르 외스트베리 설계. 그는 20대 후반에 유럽 제국을 도는 긴 여행에 나섰고, 최신 건축을 보면서도 그것을 그대로 재현하지 않고, 조국의 역사적 건축과 대화를 하면서 독자적인 건축을 만들어갔다.

1920s

Chapter 1

Schindler House / Rudolf Schindler
[신들러 저택 / 루돌프 신들러]

Ennis House / Frank Lloyd Wright
[에니스 저택 / 프랭크 로이드 라이트]

Schroder House / Gerrit T. Rietveld
[슈뢰더 저택 / 게리트 리트펠트]

Lovell Beach House / Rudolf Schindler
[로벨 비치하우스 / 루돌프 신들러]

Melnikov House / Konstantin Melnikov
[멜니코프 저택 / 콘스탄틴 멜니코프]

Stonborough-Wittgenstein House / Ludwig Wittgenstein
[스톤버러 저택 / 루드비히 비트겐슈타인]

Lovell House / Richard Neutra
[로벨 저택 / 리처드 노이트라]

E · 1027 / Eileen Gray
[E · 1027 / 아일린 그레이]

Schindler House

동경의 끝에 있는 것

신들러 저택

설계: 루돌프 신들러

준공: 1922년

중정에서 아내 폴린의 방을 바라보다. 콘크리트 벽과 마루에 목재 지붕 · 창호 혼합 구조의 외관이 인상적이다. 지붕 위 돌출 부분(사진 오른쪽)은 슬리핑 바스켓.

이 주택에 발을 들인 순간, 더듬어 찾던 긴 여행의 어딘가에서 느꼈던 적이 있던 공기에 휩싸였다. 한발 한발 힘껏 발을 내디디며 이 감각의 근원이 무엇일까? 라고 생각하는 중에, 프랭크 로이드 라이트[21쪽]의 아틀리에 겸 주거 공간이었던 탈리아센 이스트[79쪽 · ※1] (위스콘신주)를 방문했을 때의 감각이 되살아났다.

1910년에 출판된 라이트 작품집은 그의 건축과 사상을 세계에 널리 퍼트렸다. 당시 빈의 건축 학생이었던 루돌프 신들러도 이 작품집에 매료된 한 명이었다. 대학[※1]에서 강사진인 오토 바그너[※2]나 아돌프 로스[50쪽]의 영향을 받긴 했지만, 그중에서도 그의 인생에 있어서 결정적인 계기가 되었던 것은 로스에게 추천받은 1914년의 미국행이었다.

미국 시카고의 설계사무소에 채용된 신들러는 그곳에서 계약 기간을 마친 후, 동경하던 라이트 밑에서 수년간 일한 뒤 빈에 돌아올 예정이었다. 하지만 제1차 세계대전이 발발하였고, 귀국할 수 없어졌다. 게다가 미국에서 가정을 갖게 되었기 때문에 유럽에 돌아가려던 선택지는 현실성을 잃고 말았다. 몇 번인가의 어프로치를 거쳐 소원이 이루어져 라이트의 사무소에 채용된 것은 1917년의 일이었다.

※1 빈 주립 공과대학에서 구조역학을 공부한 뒤, 빈 조형예술 아카데미에 입학. 그곳에서 바그너, 로스 등에게 지도를 받았다.
2 오스트리아 출신. 근대주의적인 합리성과 기능성을 중시했다.

홀에서 루돌프의 방을 바라보다. 거실은 야외공간으로 연속되게끔 설계되었고, 각 공간이 다른 곳을 향하도록 배치되어 있다.

신들러는 로스앤젤레스의 반스댈 저택에서 일본에 건너가 있던 라이트의 부재 때문에 계획을 이끌어 가야 했다. 시공주인 얼라인 반스댈은 석유왕의 딸로, 주거를 겸한 예술가 살롱 자택을 원했다. 공사비가 계속해서 상승했고, 시공주도 거세게 저항했기 때문에 라이트와의 관계가 악화되었다. 하지만 담당자로서 끈기 있게 대응을 계속한 신들러는 머지않아 시공주의 신뢰를 얻게 되었고, 1921년, 이래저래 어떻게 하여 완공을 할 수 있었다.

신들러 저택은 반스댈 저택과 같은 시기에 계획된 건물로, 신들러 부부와 기술자인 클라이드 체이스 부부, 두 가족을 위해 만들어졌다.

이 주택의 설계를 시작했을 때, 신들러와 친밀한 관계를 맺고 있던 필립 로벨 박사는 근대 건축에 있어서 중요한 후원자인 인물이었다. 박사는 일간지 로스앤젤레스 타임스지에서 『신체 캐어』라는 칼럼을 편집했었다[※3]. 이 칼럼에 공감한 신들러는 이 자택에 대해서 「방(의 바닥)은 지면에 가깝도록 낮게 만들었고, 정원은 주택을 통합하는 역할을 한다. 실내와 실외의 구별이 없도록 했다.」라고 썼다.

※3 로벨 박사는 자연요법을 추구하는 의사였다. 이 칼럼에서 그는 사람의 건강에는 햇빛과 산소를 충분히 이용할 수 있는 주거 환경과 야외생활이 중요하다고 말했다.

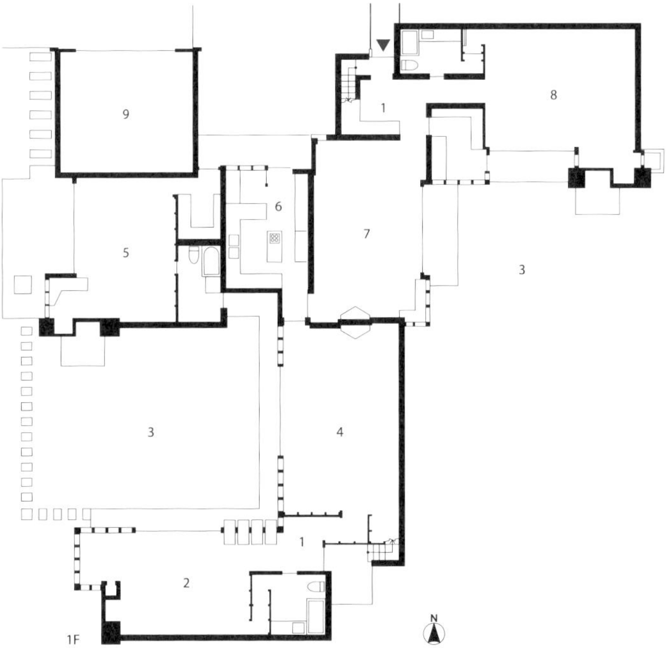

1. 홀
2. 루돌프의 방
3. 중정
4. 아내 폴린의 방
5. 게스트 룸
6. 공동 키친
7. 멀리언 체이스의 방
8. 클라이드 체이스의 방
9. 차고

Data
소재지: 캘리포니아 (미국)
층 수: 지상 2층

그의 말대로 이 부지는 일곱 개의 옥외공간으로 나누어져 있고, 그 공간들과 내부가 연결되어 있다. 주거하는 사람 모두가 각각의 공간을 가지고 있지만, 키틴은 두 가족이 교대로 조리하는 것을 전제로 공유되고 있다. 현관 상부에 있는 옥외의 「슬리핑 바스켓」에서 자연의 엄격함에 육체를 내던지며 취침할 수 있게 만들어졌으며, 내부화된 침실은 따로 존재하지 않는다. 구조적으로는 콘크리트 바닥과 현장에서 타설된 콘크리트를 세운 벽으로 구성되어 있고, 지붕과 창호는 목조(목제)를 사용했다.

이렇게 구성된 공간이 왜 탈리아센을 상기시켰을까? 라이트가 일본 건축에서 받은 영향[※4]은 제자인 신들러에게 계승되었고, 로벨 박사의 이상도 플래닝에 독특한 세계관을 부여했다. 신들러는 라이트의 강한 개성을 동경했으며, 힘든 상황 속에서 그의 수법을 몸에 익혔다. 그리고 스승의 영향으로부터 한 발짝 더 내디디려 한 것은 아닐까? 아마 신들러는 평생 이러한 갈등을 마주하고 있었을 것이다. 훗날 그가 친구에게 쓴 편지에는 이렇게 적혀있었다. 「라이트의 제자 중에 자기 자신의 소리를 발견할 수 있었던 사람은 존재하지 않는다.」

※4 1893년의 시카고 만국박람회에서 뵤도인 봉황당을 본뜬 일본관을 보고 일본 건축에 눈을 떴다고 한다.

Ennis House

고유의 형태

에니스 저택

설계: **프랭크 로이드 라이트**

준공: 1924년

북측외관. 현지의 흙을 혼합하여 제작된 블록은 약 400mm각, 두께 약 90mm. 블록 벽을 두 장 포개어 벽체 내의 도랑에 이형 철근을 삽입하고 모르타르를 충전하여 이중벽을 구성하였다.

그것은 "꿈" 같은 이야기가 아니다. 가까운 미래의 이야기, 영화 『블레이드 러너』[※1]는 결코 밝지 않지만, 코앞의 미래에 "있을 수 있는 일이지 않을까?" 라고 상상할 수 있는 도시의 모습을 가슴을 에는 듯한 생생함으로 그려낸 명작이다.

이 영화 속에서 해리슨 포드가 연기한 주인공, 데커드의 주거지로 등장한 것이 이 에니스 저택이다. 어둠침침한 영상에서 드러나는 벽의 문양은 이상한 존재감을 상반하며 이야기와 함께 나의 기억 속에 박혀있다.

1924년 프랭크 로이드 라이트에 의해 준공된 이 저택은 「텍스타일 블록」이라는 수법이 사용되었다. 쌓아 올린 콘크리트 블록의 내부에 철근을 넣고, 콘크리트를 속에 흘려 넣어서 구조 몸체를 형성했다. 블록은 모두 한 빛깔에 무늬가 없으며, 프로젝트마다 디자인된 인상적인 문양이 장식되어 있다. 연속된 문양은 마치 텍스타일(직물)을 연상시키는데, 라이트는 블록을 이어주는 철근을 세로로 된 실, 블록을 가로로 된 실로 판단해서 그렇게 만들었다고 한다.

흔히 구할 수 있는 대량생산품인 콘크리트 블록에 디자인으로 부가가치를 더해서 일부 프리패브[※2]화한 이 건설 시스템은 시공에 숙련된 기능을 필요로 하지 않는 혁신적인 공

※1 필립 K 딕의 SF 소설을 원작으로 한 영화. 1982년 개봉작.

거실에서 식당을 바라보다. 기둥이나 들보 등의 구조체에는 외관에 사용된 장식 블록이 사용되었다. 목재 바닥은 대조적으로 부드러운 느낌을 준다.

법이 될만한 것이었다. 하지만 실제 공사 현장에서는 수작업이 너무 많이 요구되었고, 디테일한 검토를 판단, 처리하지 않고 뒤로 미루었다. 러프한 도면으로 발주한 탓도 있었고, 대폭의 공사 기간 연장과 예산 초과에 괴로워했다. 더욱이 당시의 방수기술은 설계의 내용을 따라잡지 못했고, 준공 후에도 끊임없이 새는 비에 힘들어했다. 오늘날 남아 있는 아름다운 공간은 그것들을 계속 지탱한 인내심 강한 클라이언트들이 있었기에 실현되었다고 말할 수 있다.

일본에서 4년에 걸친 제국 호텔의 일을 마치고 미국에 돌아온 라이트는 다음 해에 로스앤젤레스에 사무소를 개설했다. 할리우드의 영화 산업이 새로 주가를 올리기 시작하는 기세였던 당시의 서해안에서 희망을 보았던 것이 아닐까?[※3] 영화라는 허구의 꿈을 탄생시킨 거리에는 새로운 도전을 받아들인 땅이 있었다. 사무소의 개설은 반스달 저택이 준공된 타이밍이었다. 무대예술의 후원자였던 부호, 반스달과 라이트와의 관계는 결코 평온하지 않았으며 현장은 더없이 혼란스러웠다. 하지만 언덕 위에 완성된 건축은 그 땅의 자유로운 공기감을 기반으로, 라이트는

※2 프리패브리케이션의 약자. 부재를 규격화하여 미리 공장에서 제작하여 건축현장에서 조립한 것.
※3 불륜 상대와 그 아이를 방화 살인사건으로 잃었다. 본국인 미국에서는 스캔들 사건과 함께 설계 작업도 급격히 줄어들었다.

저자에 의한 서쪽 외관 스케치

그 스타일을 「캘리포니아 로만자」[※4]라고 불렀다. 견고한 돌이나 콘크리트로 만들어진 것처럼 보이지만, 사실은 라스 기초[※5]에 회반죽 바름으로 마무리한 반스달 저택에서 한발 더 나아가서 획기적인 공법이라고 불릴만한 수법으로 설계된 것이 「텍스타일 블록」 주택이다.

섬세한 스틸 워크의 대문을 지나 현관으로 들어가면, 우뚝 솟은 듯한 커다란 건축의 볼륨에서는 상상도 못 할 정도로 타이트한 공간이 나온다. 그러나 그 앞에는 높은 천장의 압도적인 공간이 만반의 준비를 하고 기다리고 있다. 라이트의 주택 작품을 찾아다니다 보면, 이처럼 구성된 것이 많다는 것을 알 수 있다. 어쩌면 이것은 한 번 압축한 다음에 개방하는 것에 의해서 탄생한 극적인 공간 효과를 의도한 것이지 않을까? 내부 구성은 몇 개인가의 레벨 차이를 이용해서 큰 볼륨을 나누는 방법을 사용했다. 그 때문에 각각의 장소에 코지한 스케일감이 생성되었다.

영화 『블레이드 러너』에서는 탈주한 리플리 칸트(인조인간)가 4년이라는 짧은 생애의 의미를 묻고, 기억을 보존하고자 과격한 행동으로 달아난다. 그리고 그들

※4 이탈리아어로 Romanza. 성악곡, 기악곡 장르로, 형식에 얽매이지 않는 자유로운 음악 형식
※5 벽 보강 등에 사용되는 철망을 이용한 기초의 일종. 내진성이 있을 뿐만 아니라 저비용으로 시공이 용이하다

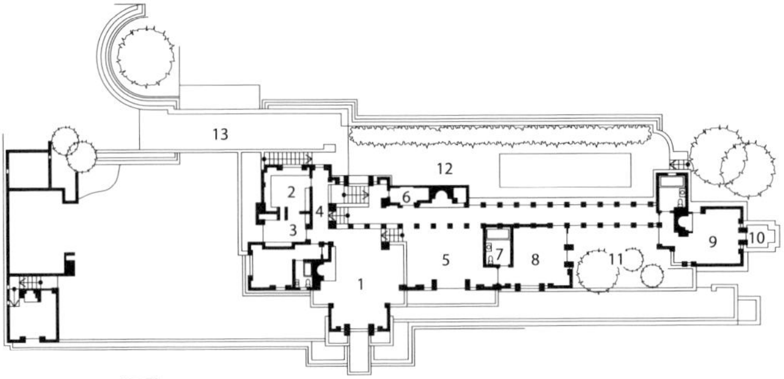

기준층

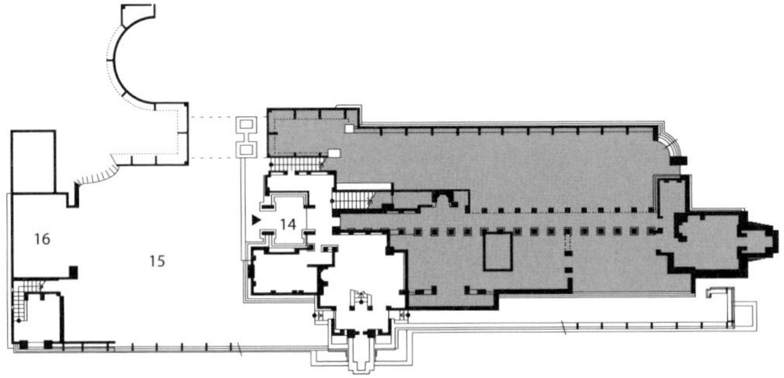

밑층

Data
소재지: 로스앤젤레스
(미국)
층 수: 지상 2층

1. 다이닝
2. 키친
3. 팬트리
4. 홀
5. 리빙룸
6. 수납
7. 욕실
8. 서재
9. 침실
10. 발코니
11. 테라스
12. 정원
13. 현관과 연결되는 다리
14. 현관 · 포치
15. 주차 공간
16. 창고

을 「처리」하라는 특명을 받은 블레이드 러너, 데카드와의 싸움을 전개한다. 이 영화는 그 싸움의 허무함이 강한 여운으로 남는 작품이기도 한 동시에 자신의 아이덴티티를 위해서 모든 것을 거는 리플리 칸트의 모습에 각각의 건축에 고유의 형태(문양)를 부여한 라이트의 의지가 겹쳐졌다.

건축에 고유의 〈이름〉을 부여할 수 있도록 반복되는 문양. 그것에는 모더니즘 건축이 등장하면서부터 부정되었던 고전주의 건축과 함께 잊혀진 「장식」이 가지는 의미가 숨겨져 있을지도 모른다.

비가 끊임없이 내리고, 생기가 없는 어두운 도시 속에서 전개된 이야기의 최후, 주인공 데카드는 밝은 세계로 여행을 떠난다. 그곳에서 처음으로 빛이 넘치는 영상이 나오는데, 그때 에니스 저택의 뒤얽힌 입구 회전이 낙원의 입구처럼 부각되었다. 마치 그 앞에 어떤 현실이 기다리고 있더라도 "꿈"을 보는 것의 아름다움을 긍정하듯이 말이다.

Frank Lloyd Wright

프랭크 로이드 라이트

1867.6.8 - 1959.4.9

Works
로비 저택(시카고,1906)
제국 호텔[※1] (도쿄, 1923)
존슨 왁스 본사 (런던, 1939)
구겐하임 미술관 (뉴욕, 1959)

프랭크 로이드 라이트는 우키요에 컬렉터이자, 딜러였다. 위스콘신주에 있는 탈리아센 이스트는 라이트가 자택 겸 아틀리에로 쌓아 올린 건축이다. 이곳을 방문했을 때 깊은 처마의 건축 양식이나 놓여 있는 불상 등에서 놀랄 정도로 일본의 요소를 느꼈었다. 그러나 귀국 후, 라이트의 발언을 다시 읽어 보았더니, "일본 건축의 영향을 받은 적은 없습니다. 하지만 일본의 판화는 보았습니다."

"일본 건축에 관해서는 생각해 본 적이 없습니다. 나의 마음을 사로잡는 건축도 없었고, 현재까지도 없습니다. 왜냐하면, 일본 건축물은 이미 내가 생각했던 것이기 때문입니다."라는 발언과 마주했고, 그 말들은 나를 어리둥절하게 만들었다. 일반적으로 알려진 라이트와 일본의 인연은 시카고 만국 박람회(1893년)의 일본관 「봉황전」과의 만남이 계기일 텐데, 라이트 본인은 그 일에 대해서 전혀 언급하지 않았고, 앞에서 말했듯 우키요에에는 찬양하지만, 건축에서의 영향은 계속해서 부정하고 있다. 사실 라이트는 자신이 태어난 해를 계속해서 속이거나, 재미있는 에피소드를 날조하는 측면이 있었다. 어쩌면 젊은 날에 받은 강한 영향, 그리고 그 결과 탄생한 초기 작품의 성공을 「일본 건축의 영향」이라고 솔직하게 말하지 못했을지도……. 라고 상상하면 어쩐지 절로 미소가 지어진다.

라이트가 「건축가」로서 일본과 관계된 것은 제국 호텔의 설계를 의뢰받은 것인데, 라이트에 의하면 그 일이 의뢰된 경위는, "천황의 사절단이 세계를 돌아다니며 설계를 의뢰할만한 건축가를 찾았는데, 탈리아센에 있는 그를 발견하고, 그 자리에서 일을 제안했다."라고 한다. 그러나 실제로는 우키요에 컬렉터 중 한 명이 제국 호텔의 지배인 · 하야시 아이사쿠와 아는 사이였고, 그 인연으로 라이트는 하야시와의 면담 기회를 얻었다. 제국 호텔의 설계는 우키요에를 통한 인맥으로부터 얻은 일이었다. 라이트는 4년에 걸쳐 일본에 체류하며 온 힘을 다했고, 마지막에는 몸의 상태도 좋지 않아졌지만, 본인에 의하면, 「의기양양」하게 뒤를 부탁하며 귀국길에 올랐다고 한다.

Profile 근대 건축의 거장으로 평가받는 건축가. 인간성이 풍부한 건축을 추구하여 저층으로 처마를 길게 늘여 안과 밖을 일체화시킨 유기적인 건축 양식, 「프레리 스타일」을 만들어 냈다. 평생에 걸쳐 열정적으로 설계 활동을 계속하여 1,000개 이상의 작품을 남겼다.

※1 현재는 현관 부분만 메이지무라 박물관(아이치현)에 보존되어 있다.

Schröder House

추상성을 만들어 내다

슈뢰더 저택

설계: **게리트 리트펠트**

준공: 1924년

남측 외관. 흰색과 검은색을 기조로 무기질적인 면에 멀리언이나 가로재, 철제 기둥 등이 빨간색, 파란색, 노란색의 삼원색으로 칠해져 있다. 벽돌로 지은 집들을 무시하는 듯 당돌한 모습이다.

그 주택의 2층에 발을 내디뎠을 때, 바닥에서 삐걱하는 소리가 났다. 그 사실이 나에게 있어서는 실로 의외였다.

잡지 『더 스테일』 창간을 기점으로 네덜란드에서 붐이 일어난 예술 운동, 〈더 스테일〉 (네덜란드어로 「스타일」을 뜻한다.)은 화가 되스버그[※1]가 중심이 되어 시작된 추상예술 운동이다. 개인의 자의적인 디자인을 배제하고, 수평 · 수직선, 정방형이나 삼각형과 같은 기하학 도형이나 빨간색, 파란색, 노란색의 삼원색을 이용해서 대상물의 객관적이고 보편적인 표현을 목표로 했다. 이 운동에서 중심적인 역할을 담당한 화가 피에트 몬드리안[※2]은 삼원색과 면 분할이 특징인 수많은 추상적인 작품을 남겼다. 그런 〈더 스테일〉의 건축적인 응답으로써 유명한 것이 이 주택이다. 실제로 현지를 방문했을 때, 그 분위기 자체에 놀랄 수밖에 없었다. 전통적인 3층짜리 벽돌 구조 거리의 돌출된 끝에 홀연히 이 디자인이 눈앞에 나타났기 때문이다. 준공 당시의 충격은 오죽했겠나 싶었다. 당시 위트레흐트 거리의 변두리였던 부지에서는 간척지 등을 조망할 수 있었지만, 준공된 지 15년 후에 고가도로가 건설되고 말았다. 이 주택은 슈뢰더 부인과 세 명의 자녀를 위해서 설계되었다.

※1 테오 반 되스버그 (1883~1931). 네덜란드 출신의 화가이자 건축가. 당시 유럽의 전위 예술가에게 큰 영향을 끼친 인물.

※2 (1872~1944). 네덜란드 출신. 19세기 말~20세기에 걸쳐 활약한 추상화가. 흰 바탕에 검은 수직 수평선의 그리드, 그 위에 빨간색, 파란색, 노란색의 삼원색을 배색한 그림, 『컴포지션』이 대표작.

2층 홀 주변. 외부공간과 동일한 배색 구성으로 꾸며진 공간. 가구는 거의 붙박이이며, 칸막이는 슬라이드식이다. 이를 통해 유연하게 일상생활을 구분할 수 있다.

부인과 리트펠트가 만난 것은 리트펠트가 33세 때의 일로, 부인은 리트펠트 보다 한 살 어렸다. 당시에는 「시공주 겸 인테리어 디자이너」와 「목공 장인이 된 지 얼마 되지 않은 가구 디자이너」로 만나게 되었다. 같은 해에 슈뢰더 부인의 남편이 사망하게 되어서 부인은 과부가 되었다. 그로부터 3년 후, 부인은 과거의 인습에 얽매이지 않는 새로운 공간을 꿈꾸며 리트펠트에게 설계를 의뢰했는데, 사실상의 공동 설계라고 볼 수 있다. 내부의 제작가구나 칸막이 등에 사실은 부인의 아이디어가 담겨 있기 때문이다.

이 주택의 구조를 보고 있으면, 벽은 벽돌 더미에 회반죽을 바른 조적식 구조, 2층 바닥과 지붕은 목재 구조. 발코니는 RC 구조, 그리고 부분적으로 I형 강철도 사용된 방식으로, 꽤 복잡한 혼합 구조이다. 기술적인 성숙도나 비용 면 등에서 나타난 결과라고 생각되는데, 추상성 · 보편성을 표방한 〈더 스테일〉의 이상을 실현하기 위해서 열심히 달려들어 노력한 흔적을 느낄 수 있다. 그것은 예를 들어 기초가 다르더라도 삼원색과 흰색으로 칠을 하면, 공간을 추상화시킬 수 있다는 확신이

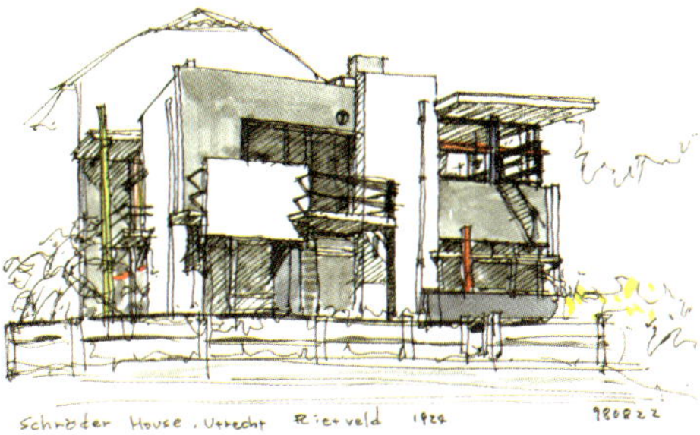

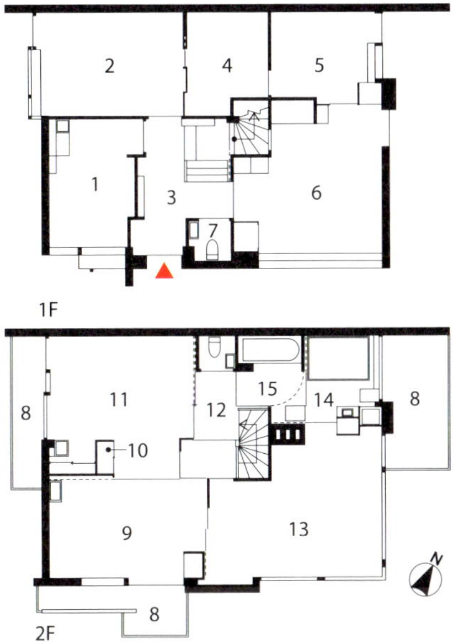

Data
소재지: 위트레흐트
(네덜란드)
층　수: 지상 2층

1. 독서실
2. 아틀리에
3. 홀
4. 서재
5. 침실
6. 리빙 · 다이닝, 키친
7. 화장실
8. 발코니
9. 서재 · 침실
10. 창고
11. 침실
12. 홀
13. 리빙 · 다이닝
14. 침실
15. 욕실

있었기 때문이 아닐까?

이렇게 말하는 나 자신도 지금까지 책 등에서 본 사진에서 꽤 추상적인 공간을 머릿속에 마음대로 만들어 내고 있다. 그래서 앞서 말한 바닥이 삐걱거리는 소리에 새로이 놀랐던 것이다.

2층은 여닫음으로써 기계장치 지붕처럼 공간이 변화하고, 상황에 따라서 개인실로도, 원룸으로도 변할 수 있다. 마치 전체가 하나의 가구처럼 세부에 걸쳐 정밀하게 만들어져 있다. 때로는 개인실을 연속된 공간으로 이음으로써 생활에 필요한 기능을 담으면서 전체적으로는 〈더 스테일〉적인 디자인으로 화합시키기 위해서 목공을 중심으로 어느 정도의 수작업이 필요했는지를 알 수 있다.

리트펠트는 이 주택의 1층에 작은 아틀리에를 지었는데, 노년에는 실제로 이곳의 주인이 되기도 했다. 슈레더 부인과 리트펠트의 관계에 대해서는 이미 언급했지만, 적어도 이 역사적 유산인 작은 주택은 이상을 공유하는 두 사람의 친밀도 없이는 탄생하지 못했을 것이라고 생각한다.

Lovell Beach House

잊고 살아온 것

로벨 비치하우스

설계: **루돌프 신들러**

준공: 1926년

부지 남서쪽에서 건물을 바라보다. 다섯 개의 철근 콘크리트로 이루어진 대담한 문형 가구식 구조가 개방적인 야외공간을 만들어 내고 있다. 1층은 거의 열린 공간이며, 그 앞에는 해안가가 펼쳐진다.

"이 전람회는 최근의 창조적인 건축을 전시하는 것이 아니라, 이른바 인터내셔널 스타일을 중심으로 한 것이라고 저는 생각합니다. 만약 그렇다면 이 전람회에 제가 있을 장소는 없겠지요. 저는 격식 주의자도, 기능주의자도, 슬로건을 제창하는 건축가도 아닙니다."

이것은 뉴욕 현대 미술관에서 1932년에 개최된 전람회, 「모던 아키텍처」에 이 로벨 비치 하우스가 선택되지 않은 것에 대해서 설계자인 신들러가 큐레이터를 맡은 필립 존슨(건축가)을 빗대어 말한 서간의 일부이다. 한편, 빈 시대부터의 오랜 사이인 킹스 로드의 자택에 살면서 협력하여 일하던 5살 아래인 노이트라가 설계한 같은 클라이언트인 로벨 저택[38쪽]은 선택되었다. 이를 계기로 두 사람의 운명은 각각 다른 방향으로 크게 바뀌게 되었다.

신들러가 로벨 박사에게 의뢰를 받은 이 비치 하우스는 사막의 별장, 산속의 오두막집 설계에 이어서 다룬 건축이다. 다섯 장의 콘크리트 골조에 의한 공중에 떠 있는 듯한 주택의 발밑에는 해변이 들어와 있고, 옥외이면서 지붕과 난로가 있는 리빙룸이 형성되어 있다. 리빙룸을 2층에 배치함으로써 해변에서의 시선을 부드럽게 만들어 주면서 높은 위치에 설치된 창문에서는 바다의 경관을 바라볼 수 있다.

창문 프레임은 프랭크 로이드 라이트[21쪽]의 디자인이 떠오르는 기하학적인 디테일.

이 비치 하우스에서도 신들러는 자택[12쪽]에서와 마찬가지로 일반적인 침실을 설치하지 않고, 옷을 갈아입는 공간과 옥외에 「슬리핑 파우치」를 설치했다. 그곳은 운동이나 일광욕에도 이용되는 장소로써 설계했는데, 준공하고 얼마 지나지 않아 로벨 박사의 바람대로 내부 공간으로 장소를 옮겼다. 이 장소나 욕실, 주방을 제외한 공간은 가족 전원이 사용할 수 있는 커다란 원룸으로 되어있다. 콘크리트 구조 때문에 지면에서 거실을 상부에 올림으로써 탄생한 필로티 공간의 완성은 르코르뷔지에가 사보아 저택[60쪽]에서 제시한 6년 전에 실현되었다. 칸막이벽 등은 메탈 라스와 플라스터로 만들었고, 콘크리트 프레임에 매달려있다.

이 대담한 전체 구성과는 대조적으로, 창문의 배치나 내부 장식에는 라이트 풍의 디테일이 이용되었다. 기하학적인 패턴으로 디자인된 창문이나, 물건을 놓을 수 없는 높이에도 이어지는 선반은 실로 섬세한 스케일로 설치되어 있다.

인터내셔널 스타일을 소개하고 싶어 했던 MOMA 전람회에서 이 주택이 선택되지 않은 것은 이 장식적 요소 때문이 아니었을까? 그것은 원리주의적인 모더니스트들을 당혹하게 하기에 충분한 요소였다.

로벨 박사가 신들러에게 의뢰한 사막의 별장은 화재로 소실되었고, 산속의 오두막집은 눈의 하중을 못 이겨서 무너졌다. 이 비치 하우스는 우기에 침수되었다. 신들러는 차츰 박사의 신뢰를 잃었고, 벼랑 위에 계획했던 거대한 자택 설계는 같은 고향의 동생뻘인 노이트라에게 맡겨지고 말았다.

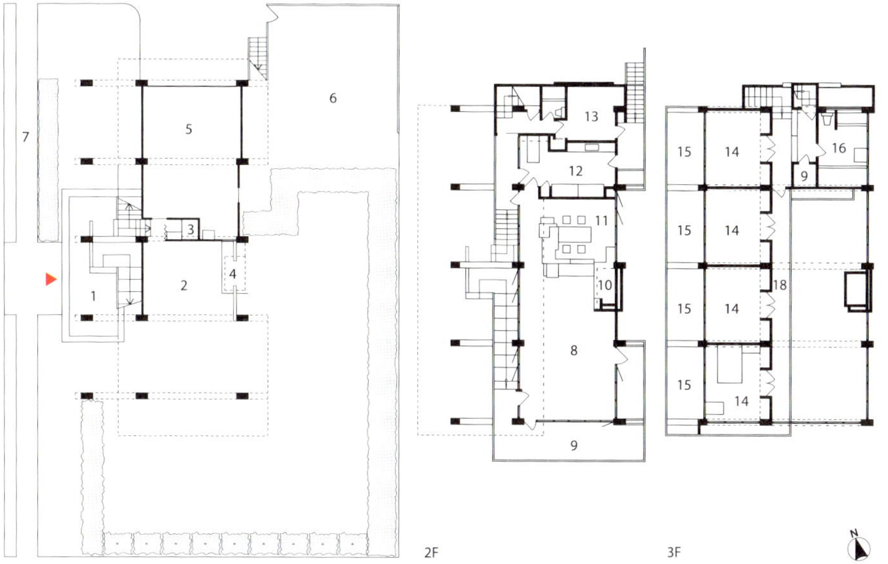

1. 메인 현관
2. 모래밭
3. 샤워실
4. 난로
5. 창고
6. 정원
7. 포장도로
8. 리빙
9. 발코니
10. 난로
11. 다이닝
12. 도우미 방
13. 침실
14. 슬리핑 파우치
15. 욕실
16. 리넨실

Data
소재지: 캘리포니아 (미국)
층 수: 지상 3층

그리고 완성된 노이트라의 로벨 저택은 처음에 언급한 전람회에 선택되어서 세계적인 평가를 받았다.

새로운 시대의 건축을 추진하는 흐름에 편승하지 않았던 그는, 로스앤젤레스의 로컬 아키텍트를 끝까지 고수했다. 라이트와 같이 건축의 모든 세부 사항까지 자신의 손으로 거느려서 제어하려고 했던 신들러. 시대의 흐름에 따른다는 관점에서 보면 완고하고, 서툴렀는지도 모른다. 하지만 그의 인터내셔널 스타일이 〈잊고 살아온 것〉을 끝까지 지킨 것은 아닐까?

1934년에 쓴 문장에서 신들러는 이렇게 기록하고 있다.

"『기능주의자들』은 건축과 예술을 저버렸다. (중략) 그들은 건축이 문화적 가치를 짊어지고 있다는 것, 바꿔 말하면 성장을 향한 요망을 만족시키고, 우리 자신을 해방하는 중요한 의미를 가지고 있는 예술이라는 점을 잊고 있다."

Melnikov House

봉쇄한 공간

멜니코프 저택

설계: 콘스탄틴 멜니코프

준공: 1927년

개구부가 규칙적으로 늘어선 파사드. 아치형으로 하중을 운반하는 인방돌 역할을 하기 위해서 육각형 형태로 만들어져 있다.

1933년, 밀라노에서 다섯 번째트리엔날레(3년마다 밀라노(Milano)에서 열리는 미술 전람회)가 개최되었고, 파리 만국 박람회(1925년)에서 소련 파빌리온이 세계적으로 주목을 받음으로써 콘스탄틴 멜니코프는 르코르뷔지에[67쪽], 미스 반 데어 로에[124쪽] 등과 함께 초대를 받아들여 참가했다.

러시아 혁명 후의 소련에서는 사회주의 제도의 확립을 목표로 하는 커다란 물결 가운데, 새로운 사회상에 상응하는 스타일이 탐구되었고, 모든 예술 분야에서 전위 운동 "러시아 아방가르드"가 전개되었다. 그 속에서 태어난 하나의 예술 양식인 「러시아 구성주의」에서는 공업적 · 경제적 발전이야말로 사회적 진보라는 모토를 가지고, 공업적 소재나 기술이 예술 표현에 적극적으로 이용되었고, 건축계에서도 전위적인 작품이나 계획을 다수 만들어 냈다.

트리엔날레가 열린 해에 그는 모스크바 제7도시건축설계실의 주임 건축사로 취임했는데, 그로부터 4년 후에 국내에서의 설계 활동을 금지당했다. 그것은 실질적인 건축가 자격의 박탈이었다. 따라서 본격적으로 건축가로서 활동한 시기는 불과 10년 남짓. 그때 그는 아직 40대 중반이었다. 그 짧은 활동 기간의 후반에 건축한 것이 이 자택이다.

3층 아틀리에 내부 모습. 지름 9m 원형의 플랜은 얇은 나무판을 은살대[※2]로 만들어 바닥과 천장을 지탱하고 있다.

사회주의 혁명 후의 소련에 있어서 개인이 거리의 중심에 「한 채의 건물을 가진다」라는 것은 꽤 어려운 일이었다. 토지의 취득에 관련해서도 당국은 난색을 보였다. 하지만 계획이 실현되었다는 결과가 당시의 멜니코프의 입장을 말해준다.

두 개의 둥근 실린더를 「8」자로 짜 맞춘 평면형을 가진 이 주택의 아틀리에에는 꽤 특징적인 육각형 창문이 뚫려 있다. 내부에 비치는 빛을 포함해서 비상시에 인상적으로 남아 있는 개구부이지만, 공사 중인 사진을 보고 있으면 이것이 벽돌 구조의 벽면으로 되어있어서 그 부분을 빼고 구성되어 있다는 것을 알 수 있다. 하얗게 칠해진 벽은 추상적인 이상을 주며, 언뜻 보기에는 콘크리트 구조로도 보이지만, 평면도에 나타난 벽의 두께는 건축이 조적조를 베이스로 한 것을 말해 주고 있다. 사용했던 난로에는 폐자재가 이용되었고, 상당한 건축비를 삭감할 수 있었다.

건축가의 자격을 박탈당한 멜니코프는 그 후 스탈린에 의한 대숙정[※1]을 벗어났다(벗어날 수 있었던 이유 중 하나는 러시아 혁명의 주도자 레닌의 관을 디자인했기 때문이라고 한다). 그즈음 국가를 위해서 필요한 건축의 스타일은 고전주의적인 것으로 변화했다.

※1 소비에트 연방의 최고 지도자 요시프 스탈린이 반대파에 대해 1937년에 자행한 대규모 정치 탄압. 약 80만 명이 반혁명죄로 처형되었다고 한다. ※2 목제로 된 바닥재 등에 사용하는 접합 방법. 재료의 건조 수축에 의한 틈새를 막기 위해 한쪽 판 측면에 홈을 파고, 다른 쪽 판 측면에 돌기를 설치하여 그것들을 맞물리게 한다.

Data
소재지: 모스크바(러시아)
층 수: 지하 1층, 지상 3층

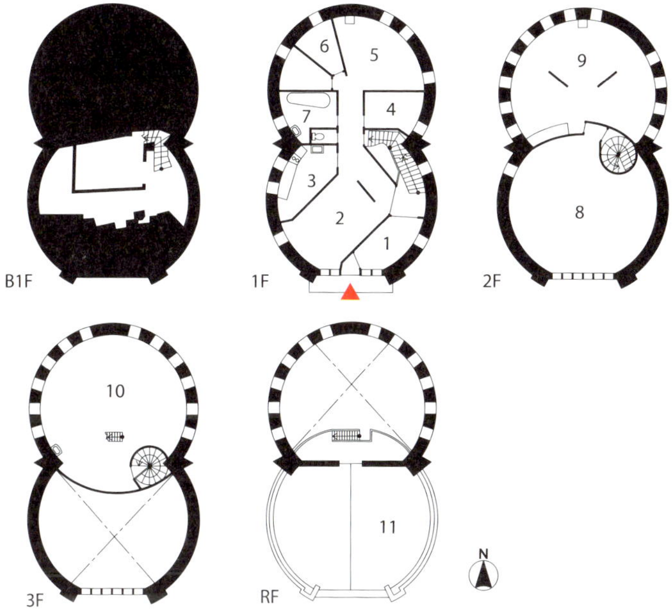

1. 홀
2. 다이닝
3. 키친
4. 유틸리티 룸
5. 옷방
6. 응접실
7. 화장실
8. 침실
9. 리빙
10. 아틀리에
11. 테라스

그런 풍조 속에서 이 주택은 「러시아 형식주의적, 부르주아적」인 최악의 사례라고 비판받았고, 그의 명예는 손상되어버리고 말았다. 게다가 독소전쟁 후, 모스크바의 폭격으로 근린의 극장이 폭격을 당했을 때, 폭풍으로 이중 새시 창문이 깨지고 말았다. 난로도 멈춰버린 상황에서 비바람을 맞은 2층을 포기하고, 지하의 작은 방으로 도망쳐 살게 되었다.

겨우 살아남은 그는 1967년에 완성된 몬트리올 만국 박람회 파빌리온의 일을 예외로(이 일이 실현된 것은 2년 전에 처음 개인전이 열려서 명예가 회복된 것의 영향이 있었을 것이다), 설계에서 손을 떼었다. 그리고 그 자택에서 말 그대로 은둔생활을 하며 건축 교육에 전념했으며, 남은 생은 초상화가로 보냈다.

역사와 체제에 농락당한 이 전위적인 주택에서 그는 45년에 걸쳐 계속 살았다. 개성 넘치는 아틀리에 공간은 세간으로부터 잊힌 반평생을 조용히 뒤덮어주었다.

1972년, 그는 소비에트 연방 명예 건축가의 칭호를 받았고, 그 2년 후에 서거했다. 84년의 생애였다.

Stonborough-Wittgenstein House

찬미하는 것

스톤버러 저택

설계: **루드비히 비트겐슈타인**

준공: 1928년

남동 측의 테라스에서 바라보다. 장식을 철저히 배제했다. 새하얀 볼륨이 늘어선 외관.

이 집의 설계자는 최종적으로는 철학자 루트비히 비트겐슈타인이다. 왜 철학자로 알려져 있는 그가 건축 설계에 관여하게 되었을까? 그 이야기부터 시작해보자.

1889년, 그는 유럽에서 1, 2위를 다툴 정도로 산업 왕이었던 부친의 아래에서 8명의 형제 중 막내로 태어났다. 압도적인 권력을 가진 아버지 칼은 자신의 가족도 강력하게 지배했다고 한다. 그 때문에 3명의 형제는 차례로 삶의 의미를 잃었고, 자살하고 말았다. 베를린의 공업대학에서 항공역학을 배우고, 연구와 실험 생활을 하고 있던 비트겐슈타인은 돌연 철학 세계에 깊이 빠져들게 되었는데, 몸 안에서 일어난 불행한 일들이 그 트리거가 되었는지도 모르겠다. 29세에 생애 유일한 서적 『논리 철학 논고』로 철학계에 커다란 임팩트를 주었고, 2년 후에 아버지에게 물려받은 막대한 재산을 전부 누나에게 양도했으며, 가난한 마을의 소학교 선생님이 되었다.

가난한 농민의 아이들에게 「신은 존재하지 않는다」, 「사실만이 전부이다」라고 자신의 사상을 가르친 비트겐슈타인은 차츰 괴짜 취급을 당했지만, 그래도 본인에게 있어서는 희망적인 나날을 보냈다고 한다. 그러나 그것도 길게는 이어지지 않았고, 교직에서 물러나게 된다.

창문 새시는 장소에 따라서 2중으로 되어있다. 홑겹으로 양쪽이 열리는 문에 비해 여닫는 패턴이 복잡하며, 공간에 다양한 표정을 만들어 낸다.

그때 누나인 그레텔이 건축가 파울 엥겔만에게 자택의 설계를 의뢰받는다. 이 엥겔만은 비트겐슈타인이 종군이었을 당시에 알던 친구로, 아돌프 로스[50쪽]의 제자인 인물이다.

우리에게 유명한 클림트[※1]에게 초상화를 그리게 한 그레텔은 진보적인 가치관을 가졌으며, 엥겔만과 자택의 설계를 진행했는데, 여기에 비트겐슈타인이 합세했다. 그 결과, 설계 변경을 진행하는 가운데 비트겐슈타인이 설계를 장악하게 되었다.

평면 계획에서 가구의 디테일에 이르기까지 그는 도면과 감독까지 시공을 맡아서 했고, 모든 창문, 문, 라디에이터 등에 마치 정밀기계와도 같은 정도를 요구했다. 방의 코너에 있는 라디에이터를 예로 들자면, 오스트리아에서 만들어진 공업 모델에 만족할 수 없어서 각각의 부품을 해외에서 수입했다. 그럼에도 불구하고 만족하지 못해서 실험을 반복해가면서 제작을 계속해나갔다. 라디에이터가 완성되어 반입되기까지 1년 정도의 기간이 걸렸다고 한다. 그레텔은 비용과 시간에 관해서는 전혀 제약을 두지 않았다. 창문이나 문에 필요한 긴 가로 버팀대가 없었기 때문에 제작이 어려워서 8개나 되는 제작소에 상담을 한 것이 난항. 겨우 제작을 받아들인 제작소는 몇 개월에 걸쳐서 이 새시를 제작했지만, 비트겐슈타인은, "쓸 수 없다." 라고 말하며 퇴짜를 놓았다. 마지막으로 제작을 받아들인 제작소의 기술자가 히스테릭한 상태가 되어도 그는 포기하지 않았고, 집념의 결과로 간신히 일을 끝냈다고 한다. 마지막으로, 그의 강력한 고집과 집념을 알 수 있는 에피소드를 한 가지 들어보자면, 겨우 집이 완성되어 청소하기 시작한 것에도 아랑곳하지 않

※1 구스타프 클림트(1862~1918). 19세기 오스트리아를 대표하는 화가. 여성의 신체를 모티브로 한 관능적이며 장식적인 표현이 특징이다.

Data
소재지: 빈 (오스트리아)
층 수: 지상 3층

1F

단면도

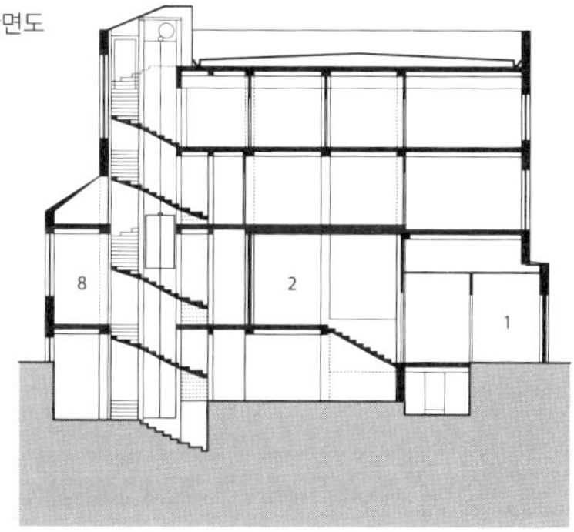

1. 입구
2. 홀
3. 아침 식사실
4. 도서실
5. 음악실
6. 다이닝
7. 테라스
8. 주방
9. 가정부 방
10. 욕실
11. 침실
12. 리빙

고 그는 홀의 천장을 3cm 높이는 결단을 내렸다. 프로포션에 관해서는 대단한 감각을 가진 그였지만, 무자비하기까지 한 타협을 허락하지 않는 자세가 나타난다. 그리고 그 일이 끝나자, 그는 영국 대학의 요청을 받아서 철학의 세계로 돌아갔다.

실제로 그 공간을 방문해보면, 심플한 외관은 로스의 건축과도 연결되는 인상을 받을 수 있는데, 내부 공간은 전혀 다른 분위기에 휩싸인다. 로스는 외관과는 대비적으로 내부는 꽤 소재감이 강하고, 어떤 의미에서는 향락적인 공간을 만들었는데, 이 주택의 내부는 어떤 종류의 긴장감이 감돌며, 결코 그 텐션을 느슨하게 만들지 않는다. 하나하나의 요소가 「이것 이외의 답이 있을까?」라고 말할 수 있을 정도로 목구멍에 칼을 들이대듯 다가온다.

비트겐슈타인이 남긴 글의 단편에 다음과 같은 문장을 발견했다. 그가 이 건축에 힘을 쏟았다는 것을 단적으로 시사하고 있는 듯한 느낌이 드는 것은 나만이 아닐 것이다.

"건축은 무언가를 영원한 것으로 만들며, 무언가를 찬미하는 것이다. 그렇기에 아무것도 찬미하지 않는 듯한 건축이란 존재하지 않는다."

Lovell House

관통 끝에 있는 것

로벨 저택

설계: 리처드 노이트라

준공: 1929년

남동쪽에서 건물을 내려다보다. 언덕을 깎아내리듯 세워진 이 주택은 구조체에서 유리 파사드에 이르기까지 공장 생산의 정밀한 철제 부재로 지탱되어 있다.

미국 초기의 스틸 주택인 이 건축은 노이트라 독립 후의 초기에 완성되었으며, 비평가들에게 찬사를 받았다. 이후 그는 다작하는 건축가로서 많은 모던 주택을 손수 다루게 되었다. 말하자면, 이 주택에서 그 후의 작풍을 확립했다고 말할 수 있을 것이다. 그의 경력을 살펴보면, 그곳에 다다르기까지의 길에 상당히 농축된 시대의 변화를 엿볼 수 있는 느낌이 든다.

1892년, 빈에서 태어난 리차드 노이트라의 생가는 유태계로, 프로이트[※1]나 쇤베르크[51쪽 · ※1] 집과 가족 전원이 함께하는 환경에서 자랐다. 8세에 빈 시영 철도에 처음으로 타고 그 건축을 담당한 오토 바그너[13쪽 · ※2]에게 반하게 되었다. 바그너와 로스[50쪽]에게 영향을 받으면서 빈 공과대학을 졸업한 후, 병역을 거쳐서 독일의 루켄발데시 건축가를 임명받아서 시의 마스터플랜 만들기에 종사했다. 그 후, 표현주의 건축가인 에리히 멘델손의 사무소에서 근무했으며, 2년 정도 뒤에 유럽을 뒤로하고 미국으로 건너갔다. 뉴욕에서 제도공으로 일한 후에 시카고에서 프랭크 로이트 라이트[21쪽]를 만나게 된다. 라이트의 스승인 루이스 설리번[※2]의 장례식에서였다.

※1 지그문트 프로이트 (1856~1939년). 오스트리아 출신의 정신과 의사. 정신 분석학의 창시자. ※2 (1856~1924). 미국을 대표하는 건축가. 철골조 고층 건축 발전에 이바지했다.

현관 홀에서 거실을 내려다보다. 3층까지 뚫린 높은 천장과 유리창으로 덮인 남향 공간에는 햇볕이 쨍쨍 내리쬔다.

학생 시절부터 작품집을 통해 라이트를 존경해온 노이트라는 그 만남 후에 라이트의 밑에서 일하게 되었지만, 실망감을 느끼고 3개월 만에 그만두고 만다. 그 이유는 라이트의 중후함이 느껴지는 석조 취향과 장식의 과다 사용 때문이었다고 한다. 그리고 1925년 2월, 신들러 저택[12쪽]의 현관에 그가 있었다. 신들러와는 빈 시절부터 연이 있었고, 결국 그곳에서 5년간 살면서 5살 연상인 신들러의 조수 역할을 했다. 그리고 신들러와의 파트너십을 끝내고 바로 완성한 것이 이 로벨 저택, 통칭 · 건강주택이다. 세기말적인 분위기를 화려하게 건축 표현으로써 남긴 바그너, 역사적 인습을 부정한 장식을 거부한 로스, 학생 시절부터 존경했던 라이트와의 해후를 거쳐 서해안에 만들어 낸 이 주택에는 시대의 코마를 하나 움직인 듯한 관통하는 뜨거움을 느낀다.

물론 서해안의 개방적인 공기감도 한몫했을 것이다. 하지만 그곳에 찾아간 이유가 신들러가 머물렀기 때문만은 아닐 것이다. 노이트라는 「바이오 리얼리즘」이라는 말을 사용하며 인간과 자연환경과의 사이에 신체적인 접촉이 필요하다는 가설

Data
소재지: 캘리포니아
(미국)
층 수: 지상 3층

1. 포치　8. 게스트 룸
2. 수영장　9. 현관 · 테라스
3. 세탁실　10. 현관
4. 리빙　11. 침실
5. 도서실　12. 슬리핑 파우치
6. 다이닝　13. 서재
7. 키친　14. 욕실

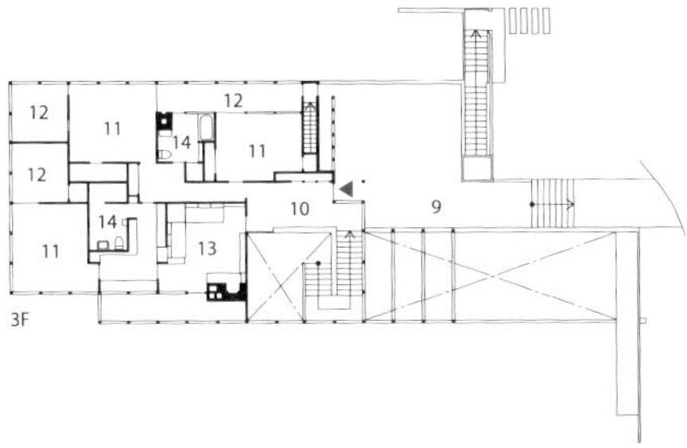

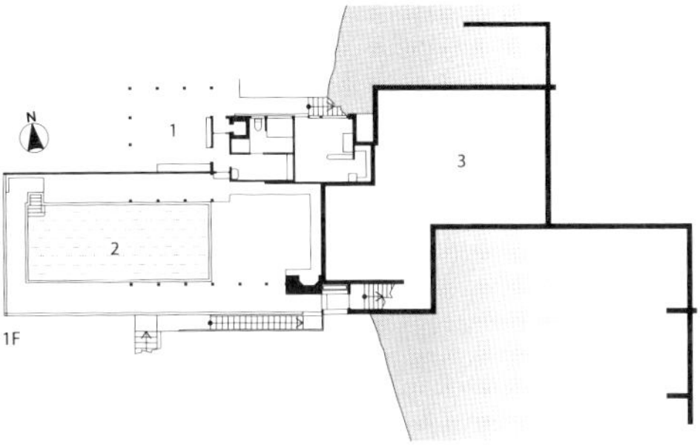

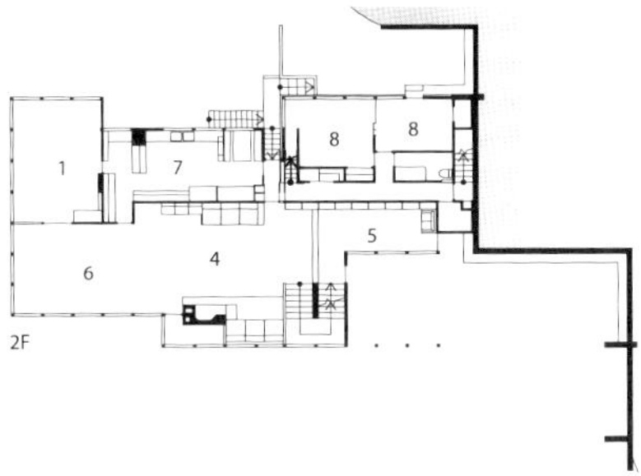

을 세웠다.

그러므로 자연을 느끼고, 수평선을 바라볼 수 있는 온난한 캘리포니아에 마음이 끌렸을 것이다. 이 철골조 주택은 뉴욕이나 시카고에서 경험한 철골 초고층 기술을 응용해서 설계되었다. 경사지의 상부에서 널리 미치듯 접근하였고, 뻥 뚫린 밝은 계단실을 천천히 내려가다 보면, 가장 아래층의 접지면에 있는 수영장에 도착한다. 많은 유리면의 개방적인 내부 공간도 당시로써는 꽤 임팩트를 가지고 받아들였을 것이다. 하지만 나에게는 이 수영장과 주위 공간이야말로 궁극의 목적 공간이지 않았을까 하고 생각한다. 그 공간이 건축 때문에 지켜지면서도 다이렉트로 자연과 연결되는 공간이기 때문이다. 시공주인 로벨 박사는 자연요법에 따른 치유를 제창했으며[14쪽 · ※3], 건강 유지를 위한 주택을 노이트라에게 의뢰했다. 그 시공주에 대해서 데이터를 신중히 보임으로써 응답한 노이트라. 이 「건강주택」이 오늘날 아직도 메시지를 발하는 것은 감춰진 목적 공간이 지닌 힘에 의한 것일지도 모른다.

E · 1027

해변의 집

E · 1027

설계: 아일린 그레이

준공: 1929년

남측 외관. 바다에서 높이 30m 정도의 암벽 경사지를 이용하여 지어졌다. 1층 바닥은 필로티로 받쳐져 있다. 지붕이 달린 테라스가 외부와 중간 공간을 만들어 낸다.

"모노톤의 가구와 그 설영에 이 정도로 멋과 매력, 기지가 풍부한 모습을 보여주는 것은 그 유례가 드문 영혼입니다."

E · 1027을 이렇게 칭찬한 것은 바로 르코르뷔지에[67쪽]다. 아일랜드의 귀족 계급 출신인 아일린 그레이가 담당한 이 건축은 1929년 그녀가 51세 때에 완성되었다. 르코르뷔지에의 「사보아 저택」[60쪽]의 완성이 1931년인 것을 생각하면, 이 세련된 건축의 선진성을 알 수 있다.

원래 가구나 인테리어 디자이너로 그 이름을 알린 아일린 그레이. 부유층을 상대로 옻칠 공예를 특징적으로 이용한 의자나 병풍 등을 디자인했었다. 그런 그녀가 건축을 시작할 수 있도록 도와준 사람은, 건축 잡지 『아키텍처 비반테(L'architecture vivante)』[※1]를 발행했던 장 바도비치였다. 그는 아일린보다도 14살이 어린 건축가이자 편집자였고, 당시 그녀의 파트너였다. 프랑스 국적을 가지지 못한 아일린은 E · 의 건설을 위해 부지를 남프랑스에서 찾아내어 바도비치의 명의[※2]로 구입했다. 현장 근처의 작은 아파트를 빌려서 3년에 걸쳐 건설에 종사했다. 도로에서 부지로 향하는 루트가 정비되어 있지 않아서 자재를 인력으로 옮겨야 하는 등, 건설에는 곤란이 동반되었다.

※1 국내외의 전위적 건축을 프랑스에 소개하였고, 그 보급의 일익을 담당한 잡지. ※2 당시 프랑스는 자국의 국적을 가진 자에 한해 토지 구입이 허용되었다.

북측 외관. 리빙 룸에서 해변으로 향하는 동선으로 확보된 테라스
(사진 우측)에는 해먹을 매달 수 있을 정도의 넓이에 처마가 있다.
이 출입구는 수면 공간의 통풍과 채광을 위한 창문으로도 쓰인다.

덧붙여서 「E · 1027」이라는 암호와도 같은 네이밍은 바도비치와 아일린의 이름에서 비롯된 것이다. E는 아일린의 E. 10은 장의 J(알파벳 10번째), 2는 바도비치의 B, 그리고 7은 그레이의 G를 나타낸다. 건축 설계 당시에도 바도비치는 아일린에게 몇 가지 조언을 해주었다고 한다.

이리하여 완성된 이 건축은 모던한 구성뿐만 아니라, 내부의 조작이 비상식적으로 정교하고 치밀한 동시에 고밀도로 디자인된 것에 놀라울 따름이다. 그 디자인은 건축 내부에서의 사람의 액티비티에 늘 바싹 달라붙어 있다. 그 설계 정밀도의 높음은 건축, 가구로 명확히 구별할 수 없을 정도로 아주 매끄럽다. 단지 키친은 유일한 예외이다(아일린은 평생 메이트를 고용했기 때문이 키친의 사용법에 관해서만은 잘 몰랐다). 더욱 특징적인 것은 건축과 그 토지가 가지는 퍼텐셜을 하나로 이으려 했다는 점이다. 이것은 「어느 곳에 있어도 건축의 가치는 변하지 않는다.」라는 사상을 당시 표방하던 르코르뷔지에와 다른 점이다. 그리고 밀도 높은 조립 가구와 모던하게 디자인된 가구들, 심플한 여백을 보여주는 벽이 섬세한 긴장감을

다이닝에서 리빙 룸을 바라보다. 새시는 회전식으로 병풍처럼 수납할 수 있으며, 접으면 거실과 테라스를 일체적으로 사용할 수 있다.

생성하면서 아름다운 대조를 자아낸다. 그런데 어느 날 사건이 발생했다.

바도비치의 허가를 받은 르코르뷔지에가 집 안의 벽이란 벽에 그림을 그리고 말았다. 그것은 여성 누드를 모티브로 한 관능적인 그림이었고, 아일린을 격노케 했다. 이후, 그녀는 죽을 때까지 건축의 근처에도 가지 않았다.

"이 집에 귀부인이 명시한 〈순수하고 기능적인 건축의 본질〉을 제가 쓸데없는 참견으로 그림을 그려서 엉망으로 만들었습니다. 그 일을 저의 세계적인 권위 위에 서서 증언하고 싶습니다. 괜찮으시겠습니까? 그렇다면 순수한 기능주의를 왜곡했다는 증거 사진이라도 보내주십시오."

이것은 르코르뷔지에가 아일린에게 보낸 편지 중 일부분이다. 게다가 르코르뷔지에는 이 건축의 작자가 아일린인 것을 적지 않고, 자신의 그림과 함께 작품집에 게재했다. 바도비치도 처음에 자신의 잡지에 발표했을 때 자신이 작자인 것처럼 게재했기 때문에 〈건축가〉로서의 아일린은 그들의 손에 의해 매장당하고 말았다.

세련된 색채의 가구와의 대비나 공간의 깊이를 연출하기 위해 무지 흰색으로 설치한 칸막이벽은 르코르뷔지에의 손에 의해 선명한 색조의 벽화로 바뀌었다. 지도 위의 그림(사진 우측)은 아일린 작.

바도비치가 사망하자, 이 건축은 매물로 내놓게 되었다. 가장 높은 금액을 부른 사람은 오페라 가수인 마리아 카라스와 한동안 같이한 해운왕 오나시스였다. 그런데 르코르뷔지에가 뒤에서 손을 써서 친구인 마담 슌베르에게 낙찰시켜 버렸다(그녀는 르코르뷔지에의 작품이라고 생각했다고 한다). 현재 이 건축이 남아있는 것은 어떤 의미에서는 이 주택과 자신의 벽화에 대해서 르코르뷔지에의 고집스러울 만큼의 집착 때문이라고도 말할 수 있다. 이에 멈추지 않고 이 장소를 고집한 그는 「E・1027」의 바로 위에 "카프 마르탱의 휴가 오두막집"으로 알려져 있는 자신을 위한 간소한 별장을 짓는다.

98세까지 살았던 아일린은 죽기 전 마지막 수년간 갑자기 세간으로부터 주목을 받았다. 하지만 파리의 아파트에서 은둔생활을 계속했던 그녀. 임종 전에는 신변에 있던 편지나 자료를 태워버렸다. 개인적인 정보는 완전히 잿더미가 되었지만, 그 작품은 남아있고, 지금도 사람들의 마음속에 계속해서 강렬한 인상을 주고 있다.

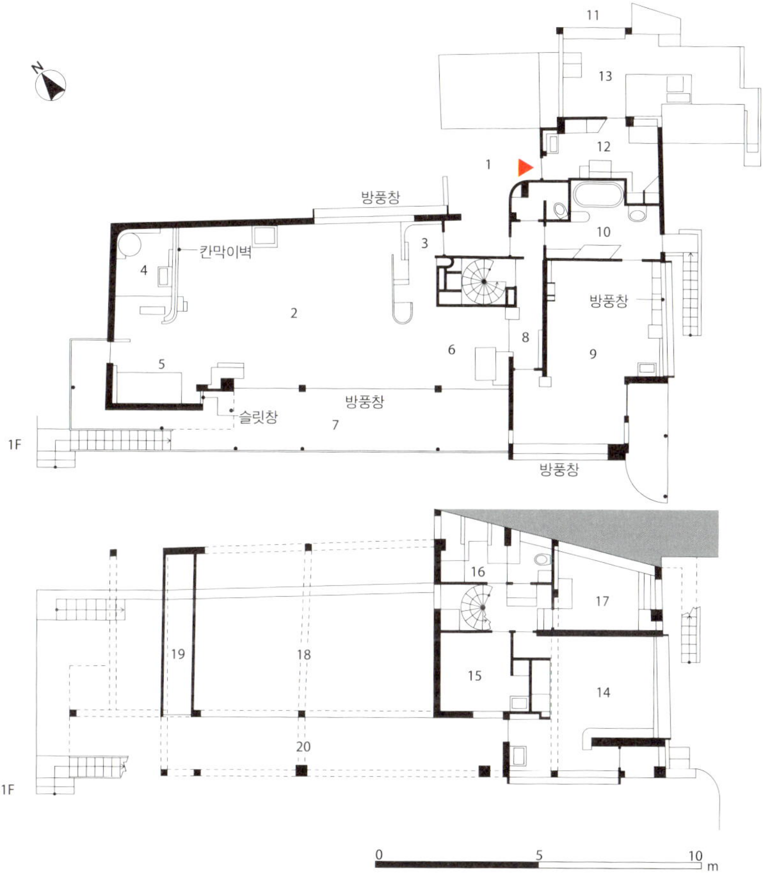

1. 메인 현관
2. 리빙
3. 옷장
4. 샤워 룸
5. 수면 공간
6. 다이닝
7. 테라스
8. 바
9. 침실
10. 욕실
11. 통용 출입구
12. 겨울용 키친
13. 여름용 키친
14. 게스트 룸
15. 도우미실
16. 난방
17. 작업장
18. 집 아래 테라스
19. 헛간
20. 필로티

Data
소재지: 로크브륀느 (프랑스)
층 수: 지상 2층

Eileen Gray
아일린 그레이
1878.8.9-1976.10.31

Works
유리 사이드 테이블 〈E · 1027〉
(1929 / 카프 마르탱)
트랜샛 체어
(1929 / 카프 마르탱)
비벤덤 체어
(1929 / 카프 마르탱)
템페 아 파일라
(1934 / 망통)

두 사람의 결혼은 사랑의 도피였다. 어머니는 아일랜드의 귀족계급 출신. 아버지는 중산층 화가. 어머니에게서는 생활이 곤란하지 않을 정도의 자산을, 아버지에게서는 예술가로서의 기풍을 물려받았다. 아일린과 관련된 몇 안 되는 자료에 낡은 두 장의 사진이 있다. 어린 시절에 살았던 심플한 조지 왕조 풍[※1]의 집과 그것을 언니의 결혼 상대가 튜더 왕조 풍[※2]으로 개축한 후의 모습이다. 개축한 집의 요란한 모습을 그녀는 혐오했다고 한다.

미술학교를 졸업하고 파리에 갔지만, 어머니의 몸 상태 때문에 영국으로 돌아온다. 그곳에서 우연히 발견한 것이 옻칠한 그릇의 수리점이었다. 중국이나 일본의 병풍에 마음이 끌린 그녀는 그곳에서 일할 수 있기를 간절히 바랐다. 그 후 다시 파리에 가서 이후의 작품에 깊게 관계되는 한 사람의 장인과 만나게 된다. 옻칠 공예가, 스기와라 세이조이다. 스기와라에게 초보 기술을 배우면서 그녀는 옻칠의 윤기나 색 등의 질감을 살린 테이블, 의자, 병풍 등을 만들어나갔다. 그중에서도 유명한 것은 기하학적인 옻칠 판을 쌓은 것으로 반 투과 파티션을 만든 『브릭 스크린』이다.

파리에 차린 「장 데젤」은 그렇게 해서 탄생한 가구 등을 부유층 상대로 제공하기 위한 가게였다. 머지않아 아일린은 고객의 요구에 응해서 카펫이나 벽면 장식, 가구, 조명기구에 이르기까지 방 전체를 전부로 디자인하게 되었다. 작은 옻칠 식기에서 시작한 그녀의 일은 이렇게 공간에의 시점을 획득해 나아갔다. 어린 시절 그녀가 보낸 공간의 청량함이 다루는 작품에 영향을 끼친 것이 아닐까? 공간에 기품이란 것이 있으면 그것이야말로 그녀가 계속해서 지켜온 것이며, 르코르뷔지에를 초조하게 만든 것이 아닐까? 하는 생각을 해본다.

1968년에 잡지 「도무스」에서 아일린의 작업에 관계된 기사가 게재되자, 그녀의 작업은 서서히 재평가되었다. 그리고 2009년, 아일린이 1910년대에 제작한 『드래건 체어』는 가구로써는 당시 최고액인 1950만 달러(약 28억 엔)라는 놀라운 가격으로 낙찰되었다.

Profile 아일랜드 출신. 여성 인테리어 디자이너, 건축가의 선구가 된 인물. 합리성을 추구하며 무기질화된 모더니즘 시대의 건축을 「배경」으로 파악, 가구나 조명 등을 배열하여 내부 공간을 만들어 내는 방법을 실천해 나갔다.

※1 17~18세기 영국 하노버 왕조 때 발전한 건축 · 공예 양식. 직선, 좌우대칭을 기조로 한 심플한 디자인이 특징.
※2 15~17세기 초 영국 튜더 왕조 때 발전한 건축 · 공예 양식. 호화찬란한 디자인이 특징.

1930s

Chapter 2

Villa Müllar / Adolf Loos

[빌라 뮐러 / 아돌프 로스]

Villa Tugendhat / Mies van der Rohe

[투겐트핫 저택 / 미스 반 데어 로에]

Villa Savoye / Le Corbusier

[사보이 저택 / 르코르뷔지에]

V.D.L.Research House / Richard Neutra

[V.D.L.Research House / 리처드 노이트라]

Maison de Verre / Pierre Chareau

[달자스 저택 / 피에르 샤로]

Fallingwater / Frank Lloyd Wright

[낙수장 / 프랭크 로이드 라이트]

Villa Mairea / Alvar Aalto

[마이레아 저택 / 알바 알토]

Villa Müllar

그 소재감이 감추고 있던 것은

뮐러 저택

설계: **아돌프 로스**

준공: 1930년

부지 북동쪽에서 외관을 바라보다. 외관은 극히 심플하고 스투코 칠을 한 간소한 직사각형의 볼륨에 간결하게 작은 창이 뚫려 있다.

「나는 네 생각을 자주 떠올린다. 만약 나에게 돈이 있었다면, 너에게 주택을 설계해 주고 그곳에서 살고 싶다.」라고 로스에게 편지를 보낸 것은 음악가인 쇤베르크[※1]이다. 쇤베르크가 로스의 설계 수법인 〈라움 플랜〉에 대해서 꽤 깊은 이해를 하고 있다는 사실을 본인이 남긴 문장에서 엿볼 수 있다.

「로스의 건물은 입체적인 공간 속에서 생각하고, 여러 가지로 궁리하고, 구성되고, 형태화된 것이다. 임시방편인 것이나, 도움이 되는 바닥 면이나, 입체나 단면도 필요로 하지 않는다. 마치 소재 전체가 투명한 것처럼….」

이것을 본인은 "생무지의 발언"이라고 표현하지만, 로스의 설계 수법에 대해 실로 잘 나타낸 말이라고 생각한다. 그것은 2차원의 〈방의 배치〉에 높이를 주는 수법과는 분명히 구별 지어진다. 〈라움(공간)〉에서 한 부분이 잘린 볼륨으로서의 선실을 커다란 상자 속에 입체적으로 배치했다.

로스가 건설회사의 경영자 부부로부터 이 사치를 다 해서 꾸민 주택의 의뢰를 받은 것은 1928년의 일이다. 그리고 2년 후에 완성을 맞이했다.

실제로 뮐러 저택을 방문해보니, 그것이 상상 이상으로 커다란 볼륨의 주택인 것에 놀

※1 아르놀트 쇤베르크 (1874~1951). 오스트리아의 작곡가, 지휘자.

리빙 룸에서 위층으로 이어지는 계단을 바라보다. 채광을 위해 위쪽이 개구된 계단 굽벽은 대리석. 계단을 올라가면 다이닝, 부인실이 있고, 각 방이 거실 공간과 입체적으로 연결되어 있다.

랐다. 경사지에 반이 박혀있는 커다란 박스에는 구멍처럼 큰 창이 뚫려 있다. 외관의 창의 배치에서는 건물의 각 층의 전환을 알아차릴 수가 없다. 이것은 앞서 말한 수법에 따른 효과이다. 그리고 그 커다란 주택이 주위의 환경에 거의 의존하지 않는 것도 깨달을 수 있다. 그 나름대로 창은 열려있지만, 외부 환경, 특히 지면에 생활공간을 「위임할」 의도를 거의 느낄 수 없다. 마치 도시의 밀집지에 세워진 것처럼 박스가 부지 환경에서 분리되어 우뚝 서 있다. 밖에서는 내부가 밀도 높은 공간성을 품고 있음을 엿볼 수 없다.

이 저택과 같은 시기에 동료의 수법으로 설계된 주택으로 「뮬러 저택」이 있다. 뮐러 저택보다 3년 먼저 완성된 이 주택은 그 내부 공간은 심플하고, 놀랄 정도로 모던한 인상이다. 한편, 뮐러 저택의 내부 공간에서 전개된 장면의 연속에는 대리석이나 마호가니, 레몬 나무, 월넛 등, 개성이 강한 소재가 이용되었다. 고전적인 가구와의 효과도 서로 어울려서 전체적으로 전시대적인 분위기를 풍기지만, 거기에는 마치 눈속임처럼 공간 구성의 모던함을 감싸 안아버릴 힘이 있다. 때문에 뮬

1. 현관
2. 화장실
3. 창고
4. 보일러실
5. 키친
6. 도우미실
7. 차고
8. 리빙
9. 다이닝
10. 요리 준비실
11. 부인실
12. 도서실
13. 현관 · 홀에서 올라 간 곳
14. 침실
15. 의상실
16. 욕실
17. 루프 테라스

Data
소재지: 프라하(체코)
층 수: 지상 4층

러 저택의 심플한 마무리 구성 설계 기법의 선진성을 다시금 인식할 수 있다.

로스가 시공주로부터 받은 의뢰 내용은 상당히 사치를 다 한 주거 공간이었을 것이다. 그 고급 재료를 아낌없이 사용한 공간은 시공주가 요구하는(안심하는) 주거 공간의 분위기와의 접점을 이루고 있었다고 생각하면 이 소재감에 〈눈이 멀어 있던〉 자신을 깨닫게 된다.

로스라는 건축가는 아무래도 저서 『장식과 범죄』의 내용[※2]으로 상징되는 당시의 상황에 대한 반동적인 언동이나, 그 작품이 가진 강한 소재감에 휘둘려버리는 경향이 있다. 그의 언동의 근저에는 세간으로부터 인정받은 같은 나이의 요제프 호프만[※3]등과 비교해서 자신이 부당하게 괴롭힘을 당하고 있다고 느꼈던 분노도 있을 것이다. 그러나 그의 건축 수법의 근저에 있는 〈라움 플랜〉이 지닌 근대성을 생각하면, 마치 안개가 걷히듯 정신이 드는 느낌을 오늘날에도 받을 수 있다.

※2 「장식은 범죄(해악)이다」라며, 전통적 건축과 그 장식성을 강하게 죄로 단정했다. 합리적 · 기능적 디자인을 추구했다.
※3 요제프 호프만 (1870~1956). 오스트리아에서 활약한 건축가, 디자이너. 공예적이고 곡선을 많이 사용한 디자인에 직선을 기조로 한 디자인을 혼합하여 단일하고 양질의 제품 탐구했다. 20세기 디자인 운동에 큰 영향을 끼친 인물.

Villa Tugendhat

한 가닥의 선

투겐트핫 저택

설계: 미스 반 데어 로에

준공: 1930년

남향의 급경사면에 있는 3층짜리 주택. 최상층에 메인 현관이 배치되어 있다.

체코의 수도 프라하에서 약 200km, 브르노에 그 주택이 있다. 현재는 세계 유산이 된 이 주택이 준공 당초의 상태로 돌아간 것은 최근의 일이다.

시공주인 투겐트 핫 부부는 갓 결혼한 유복한 유태계 사업가 집안사람들이었다. 부인의 아버지가 딸이 고른 건축가에게 건물을 짓게 해줄 것을 약속해서 미스에게 그 설계를 맡기게 되었다. 이 주택이 준공되었을 때 미스는 43세, 같은 해에 바우하우스[※1] 의 교장으로 취임했다. 전년에는 명작 바르셀로나 파빌리온이 완성되었다. 그런데 그 후에 제2차 세계대전이 발발했고, 히틀러가 이끄는 독일군이 침공해 왔기 때문에 살기 시작한 지 10년도 안 되어 가족은 남미로 도망가게 되고 말았다. 유태인 소유의 대호 저택은 눈에 띄는 존재여서 독일군에게 접수되었고, 군대가 철수한 후에는 러시아군이 머물렀으며, 전쟁 후에는 소련 공산당의 소유를 거쳐 체코 공산당의 소유가 되었다. 한때는 발레 학교로 사용되기도 하였다. 파괴는 면했지만, 만신창이가 된 이 집을 원래대로 되돌리려는 움직임은 1960년대에 들어서였다.

건축가 미스 반 데어 로에는 1886년, 독일 아헨, 대리석 세공가의 집안에서 태어났다. 독학으로 건축을 배웠음에도 불구하고, 미스

※1 20세기 초에 독일에서 설립된 미술학교. 합리적이며 기능적인 모더니즘 디자인의 기초를 만들어 냈다.

리빙 룸을 바라보다. 볼륨이 큰 오닉스 제의 칸막이(사진 좌측)가 공간을 나눈다.

는 매우 뛰어난 도면을 그렸다고 한다. 그 때문에 베렌스[※2]의 사무소에 취직해서 깊이 연구를 하며 경력을 쌓았다(이때 그로피우스[※3]와도 같은 직장이었다).

근대 건축의 삼대 거장이라고 불리는 라이트, 르코르뷔지에[67쪽], 그리고 미스의 이름이 거론되는 경우가 많지만, 이른바 인터내셔널 스타일을 명확히 내세운 건축가는 누구일까? 라는 질문에 답하자면, 이 중에서는 초기의 르코르뷔지에라고 생각한다(나이가 들수록 그렇지 않게 되었지만, 이것에 대해서는 다른 장에서 언급하기로 한다). 라이트는 공법적으로도, 소재의 사용법 등으로 봐도 인터내셔널 스타일과는 명확히 거리를 두고 있었다. 그렇다면 미스는? 이라고 묻는다면 뜻밖에도 그 대답에는 회색빛을 느낀다.

경력의 초기에는 다각형 평면에 전면 커튼월[※4]을 조합한 고층 건축안 「유리 스카이스크레이버」를 제안했고, 철이나 유리 같은 새로운 소재의 가능성과 그들이 가져오는 공간의 선진성을 제시했다. 그로부터 수년 후에 발표했던 벽돌조의 주택에서는 두툼한 벽돌 하나하나를 가까이 붙였다 떼었다 하면서 자유자재로 배

※2 페터 베렌스 (1868~1940). 독일의 건축가, 인더스트리얼 디자이너. 가전이나 문구 등을 규격화하여 기계 생산을 추진하였다. 대표작으로, 회흐스트 염색공장(독일)[138쪽] 등. ※3 발터 그로피우스 (1883~1969). 독일의 건축가. 르코르뷔지에, 미스, 라이트와 함께 모더니즘 건축의 발전에 이바지한 인물.

리빙 룸에서 다이닝 룸을 바라보다. 다이닝 룸을 반원형
으로 에워싸고 있는 것은 합판 칸막이.

치함으로써, 완전히 분리되지 않는 개방적인 공간 배치 모델을 만들어 냈다. 이러한 경험을 거쳐서 「바이센호프 지들룽[※5]」에서는 인터내셔널 스타일에 가까운 집합 주택을 건설했다. 그리고 그 직후에 바르셀로나 파빌리온을 맡게 되었다.

그때까지의 미스에게는 근대 건축의 조류를 흡수하면서도 그 흐름을 가만히 지켜보는 듯한 객관적 시선이 느껴진다. 그런데 바르셀로나 파빌리온에서는 공간을 구성하는 십자 스틸 기둥이나 유리, 무엇보다도 돌의 사용법에서 〈소재〉의 강함에 신뢰감을 둔 공간에의 의지를 느낄 수 있다.

이 투겐트 핫 저택은 외관이야말로 미스 유일의 「하얀 상자」 주택이지만, 그 디테일(특히 내부 공간)에 전개된 풍요로운 세계는 〈소재〉에의 고집이 넘친다. 스틸 기둥에 크롬 도금한 커버를 씌운 십자 기둥, 현관이나 온실 등의 바닥에 사용된 대리석(트레버틴)을 취급하는 방법, 식당을 둘러싼 흑단나뭇결도, 아름다운 곡면 칸막이도, 난간의 디테일, 에칭 가공된 곡면 유리 등등…….리빙 룸에 있는 오닉스 벽은 7cm의 무구판을 3.17m 천장 높이로 끼워 넣었다(당시 이 오닉스 돌판 5개만으

※4 기둥과 보가 건축물의 하중을 지탱함으로써 비내력이 되는 벽을 말한다. 금속이나 유리 등의 경량 소재로 만들어진다. ※5 1927년 독일 공작연맹 주최 주택 전람회에서 바이센호프(독일)에 의해 건설된 총 33동의 실험 주택군. 독일을 중심으로 한 17명의 건축가가 참가했다.

바르셀로나 파빌리온 내부 스케치. 이곳에서도 오닉스 칸막이벽이 플랜의 중심에 설치되어 있어 압도적인 존재감을 발한다.

로 보통 집이 한 채 지어질 정도의 비용이 들었다고 한다). 리빙 룸의 유리창은 전동으로 아래층에 수납됨으로써 풀 오픈이 되고, 공기조절도 중앙난방과 국소 난방이 이중 구비되어 있는 등, 근대적인 설비에 대한 도전도 시도되었다. 건설 비용이 르코르뷔지에의 「사보아 저택」[60쪽]의 10배나 들었다고 한다. 그 고집스러움이 전해지는 듯하다.

석공의 집에서 태어나 자란 미스는 어릴 때부터 〈소재〉가 가지는 힘을 피부로 느끼고 있었던 것은 아닐까? 근대화의 물결에 몸을 맡기면서도 그것을 믿음으로써 인터내셔널 스타일이라는 말만으로는 단정 지을 수 없는 건축 방식으로 이어지고 있다고 생각한다.

나치 통치하의 독일에서 바우하우스의 존속을 살피던 미스였지만, 결국 근대 건축을 눈엣가시로 여긴 정권의 압력에 의해 폐교 상황에 몰리게 되고, 미스 자신도 미국에 망명한다.

그렇게 미국 땅을 밟게 된 미스는 라이트를 찾아간다. 미스보다 19살 연상이었

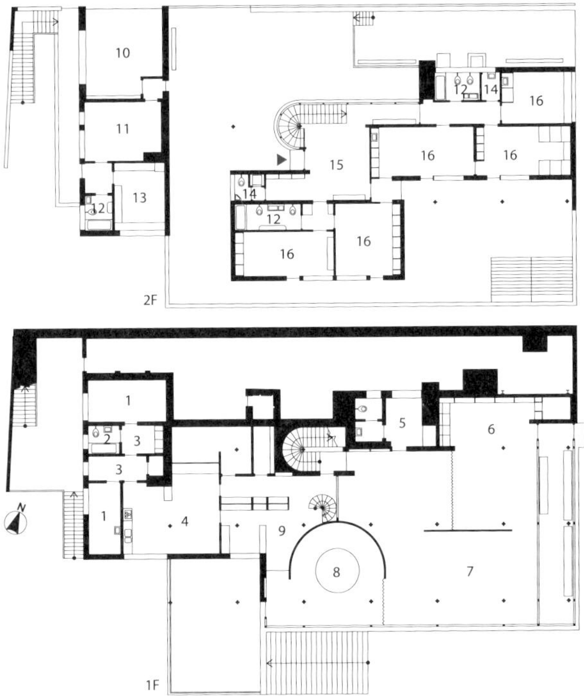

1. 도우미실
2. 욕실
3. 창고
4. 키친
5. 화장실
6. 서재
7. 리빙
8. 다이닝
9. 요리 준비실
10. 차고
11. 창고
12. 욕실
13. 운전기사 방
14. 화장실
15. 현관
16. 침실

Data
소재지: 브르노(체코)
층 수: 지상 3층

던 라이트는 미스를 환대해 주었고, 처음에는 오후에 방문하기로 예정되어 있었지만, 4박이나 탈리아센에 머물렀을 뿐만 아니라, 라이트가 자신의 작품을 안내해 주기도 하였다. 그전에 라이트를 만나러 간 그로피우스나, "그와는 악수하기 싫다." 라고까지 말한 르코르뷔지에가 탈리아센 방문을 거절당한 것은 유명한 이야기이지만, 환영받은 이유가 미스가 획득한 공간의 질에 있다고 생각하니 묘하게 이해가 간다. 언뜻 보기에 전혀 다른 작풍으로 보이는 라이트와 미스는 〈소재〉가 지닌 힘을 믿었고, 그것을 살리는 것을 하나의 단서로 해서 설계해 나간다는 공통점이 능선처럼 한 가닥의 선으로 이어져 있었다.

바르셀로나 파빌리온
내부 스케치

Villa Savoye

그때, 「르코르뷔지에가 탄생했다」

사보아 저택

설계: **르코르뷔지에**

준공: 1931년

※1 시계 제조업의 대표적 도시 ※2 (1874~1954). 벨기에 출신. RC조 건축의 선구적 건축가. ※3 파리의 고등 미술학교. 17세기, 왕립 건축물과 공예품을 만드는 장인 양성을 위해 설립되었다. 고전주의적인 작품을 이상으로 하고 있다.

부지 서쪽에서 건물을 바라보다. 같은 간격으로 배치된 1층 원기둥에 따라서 2층(메인 주공간)이 들어 올려져 있다. 2층의 벽에는 수평 창이 구조에 얽매이지 않고 가지런히 이어져 있다.

시계 직공의 자녀로 태어난 샤를 에두아르 잔레그리(후에 르코르뷔지에). 스위스의 라 쇼드퐁[※1]에서 가업에 관련된 조금을 배우기 위해 미술 학원에 입학하여 그곳에서 만난 스승의 인도 때문에 서서히 건축에 심취하게 된다. 17세 때, 스승에게 소개받은 주택 설계 일을 끝내고, 그 보수로 긴 여행을 떠난다. 이탈리아나 빈을 방문, 마지막에는 파리에 도착한다. 그곳에서 오귀스트 페레[※2]의 사무소에서 반나절의 제도 일을 얻으면서 에콜 데 보자르[※3]의 강의를 청강하는 날들을 보낸다. 그 후 독일에 건너가서 페터 베렌스[56쪽·※2]의 사무소에서 근무한 후에 그리스나 이스탄불 등을 돌며 긴 여행을 떠난다. 그때의 경험이 그의 〈건축〉을 믿게 만들어 주는 계기가 되었다. 그 큰 계기가 된 것은 아테네의 파르테논 신전[※4]과의 해후였다.

30세 때, 이번에는 영주하기 위해 파리에 돌아와서 화가인 아메데 오장팡[※5]과 만나게 된다. 두 사람은 1920년, 새로운 예술 표현을 소개하는 잡지 『에스프리 누보』를 창간하는데, 건축에 관한 기사를 집필한 에두아르는 이 잡지에서 처음으로 「르코르뷔지에」라는 펜네임을 사용했다.

※4 고대 그리스 시대에 건설된 신전. 건축 양식의 하나인 도리스식 건축물의 최고봉으로 간주한다.
※5 (1886~1966). 프랑스 출신. 건축을 배운 후 화가로 전향. 비례와 기하학을 사용하여 명쾌한 구성을 만들어 낸다는 예술 이론 「순수주의」를 구축한 인물.

큰 FIX창을 가진 거실. "조적조의 두꺼운 벽과 세로로 긴 작은 창"이 주류였던 당시에는 획기적인 디자인이었음.

그는 고전주의 건축이나, 건축 교육 방식을 「건축은 인습 속에서 질식하고 있다」라고 비판하면서, 「2000년 이래 파르테논을 본 사람들은 이곳에 건축의 결정적인 순간이 있었음을 느꼈다」라고 파르테논 신전을 〈건축〉의 상징으로서 기리어 칭찬했다. 자동차 등 새로운 기술에 의해 만들어진 것 속에서 발견되는 새로운 정신을 칭송했다.

이렇게 해서 그는 「르코르뷔지에」가 되었고, 본명으로는 발표할 수 없었던 〈선언〉을 기고했다(게재된 문장은 후에 명저 『건축을 향하여』에 수록되게 된다). 그 후에도 그는 이때 치켜든 주먹을 내리지 않고, 〈기존의 인습〉과 싸움을 계속해나간다.

이 사보아 저택은 그가 주창한 근대 건축의 5원칙[※6]을 상징하는 건축으로 소개된 적이 많다. 그러나 실제로 그 공간을 체험하면, 근대 건축의 프로토타입이라고 말해 버리기에는 아주 특별한 해답이라는 것을 느꼈다. 예를 들어, 이 주거가 마치 중력을 거스르는 것처럼 떠 보이는 것은 1층 외부에 있는 필로티의 영향이 큰데, 이것은 건축 속에 자동차를 인도하려는 강한 의지의 표현이다. 이 주택은 파리

※6 필로티, 옥상정원, 자유로운 평면구성, 수평 연속창, 자유로운 입면

2층 나선 계단에서 비탈을 바라보다. 주택 내부를 관통해서 설치된 슬로프에 의해 수평 연속 창문으로 보이는 광경이 영화처럼 이어진다.

교외 30km에 있는 전원 지역 뿌와씨에 별장으로 지어졌다. 클라이언트는 자동차에 탄 그대로 이 필로티에 들어가서 현관 홀 벽을 따라 흘러가듯이 현관으로 이끌린다. 벽의 곡선은 차의 회전 반경에 맞게 설계되어 있으며, 클라이언트가 차에서 내리면, 운전사와 차는 그대로 반대쪽에 있는 차고와 운전사 방으로 향하게 된다. 이 일련의 동선을 넓은 부지를 쓰지 않고 어디까지나 건축 속에서 잘 풀어내기 위한 필로티이다.

실내에 발을 들이면 나선 계단이 있으며, 위쪽으로 뻗은 큰 슬로프가 눈에 들어온다. 방문자를 맞이하는 것은 형식적인 현관이 아니라, 「이동」하는 기능을 상징하는 요소이다. 그리고 커다란 면적을 차지하는 슬로프를 올라가 보면, 열린 공간인 옥상정원이 서서히 펼쳐진다. 르코르뷔지에는 이 체험을 「건축적 산책로」라는 표현으로 설명한다. 「이동」과 함께 변화해가는 광경을 즐기면서 실내를 둘러보면, 리빙 룸에서 연속된 중정, 중정에서 외부 슬로프를 거쳐 도착하는 일광욕실이 보이며, 놀랄 정도로 외부공간의 면적 비율이 높은 것을 알 수 있다. 센 강으로 이어

저자에 의한 2층 테라스 스케치

지는 전원 풍경을 최상층의 개구부에서 바라보며, 때로는 파티를 열기도 했을까……? 라는 상상을 해보지만, 점차 이것은 마치 입체적으로 만들어진 정원과 산책로 같은 것일 것이다. 라고 느끼기 시작했다. 그 프로그램은 만약 그 규모를 조금 축소한다면 성립하지 못할 정도로 훌륭한 설계 조건이 뒷받침되어 있다.

르코르뷔지에는 남미의 강연에서 아르헨티나 교외 전원에 사보아 저택을 20채쯤 그려 넣은 스케치를 작성해서 소개했다. 그것에서 그가 이 주택이 어디까지나 프로토타입으로서 성립될 것을 생각하고 있었다는 것을 알 수 있다. 특수한 의미로만 느껴졌던 주택은 그에게 있어서는 어디까지나 〈근대〉를 전하기 위한 수단이었다.

나이가 든 르코르뷔지에는 파르테논 신전과 만난 젊은 날의 여행을 『동방 여행』이라는 서적으로 정리했다. 그리고 그 편집을 끝내고 일주일 후에 그는 남프랑스 카프 마르탱의 바다에 뿌려졌다. 자신의 몸을 바다와 동화시킴으로써 젊은 날에 치켜든 주먹을 슬며시 내려놓듯이 말이다.

Data
소재지: 뿌와씨(프랑스)
층　수: 지상 3층

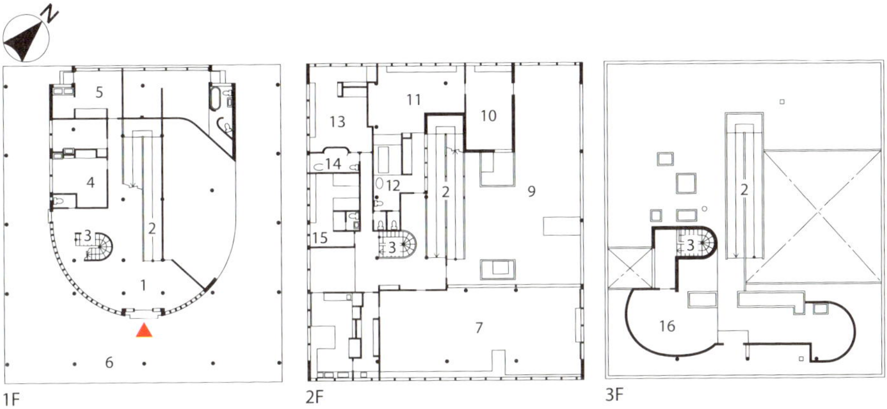

1. 현관 홀
2. 슬로프
3. 나선 계단
4. 하인실
5. 세탁실
6. 필로티
7. 리빙
8. 키친
9. 테라스
10. 부드와르(부인용 방)
11. 주 침실
12. 욕실(메인)
13. 아이들 방
14. 욕실
15. 게스트 룸
16. 일광욕실
16. 침실

욕실에서 침실을 바라보다. 욕조(스케치 바로 앞부분)의 구석에는 우아한 형태의 타일을 붙인 카우치가 설치되어 있다.
욕실과 침실은 커튼으로 구분되어 있다.

저자에 의한 르코르뷔지에 작품 스케치

라 투레트 수도원 (1960년 준공, 프랑스) 외관 스케치

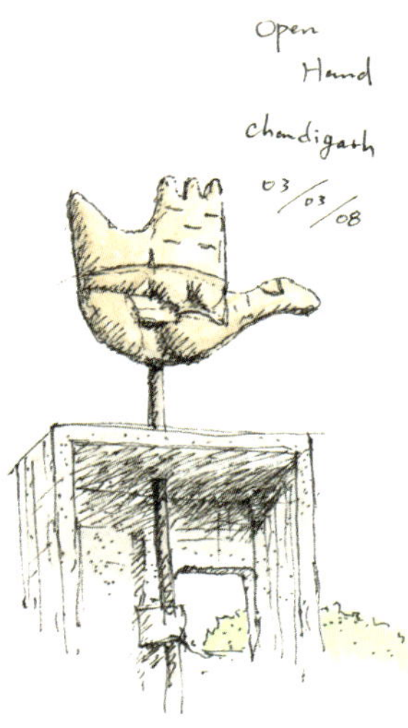

상단: 라 투레트 수도원 내부
하단: 펼친 손 비석 (1985년 준공, 인도)

Le Corbusier

르코르뷔지에

1887.10.6 - 1965.8.27

Works
라 로슈=잔느레 저택
(1925, 파리)
유니테 다비타시옹
(1952, 마르세이유))
라 뚜레트 수도원
(1960, 라브르레슬)
국립서양미술관
(1959, 도쿄도 다이토구)

솔직히 말해서 예상외의 치밀함에 놀랐다. 르코르뷔지에의 회화 작품을 많이 다루는 전람회에서 유화 작품을 그리기 전에 그려진 〈습작〉을 보았을 때의 감상이다. 모양을 살피는 방법, 형태에 대한 음영의 진지한 표현 등, 건축 설계를 위해서 그가 그린 스케치는 상당히 인상이 달랐다. 오전 중에는 자택에서 그림을 그리고, 오후부터는 세브르 거리 35번지에 있는 아틀리에에 나가는 것이 일상이었다고 하는 르코르뷔지에. 그에게 있어서 그림을 그리는 것과 건축을 만드는 것은 인생에 없어서는 아니 될 두 가지였다.

초기의 회화 작품에서는 일상생활에서 볼 수 있는 탁상의 정물을 일으켜 세운 그림처럼 수직적으로 입체화하여 구성된 작품을 많이 그렸다. 그즈음의 작풍은 퓨어리즘[※1]이라고 불린다. 앞의 습작은 그 시기에 그려진 것으로 건축에서는 라로슈 잔느레 저택 등을 다루던 「흰색의 시대」라고 불리는 시기에 해당된다. 아마도 전환기는 1929년 남미로 향하는 배 안에서 당시 한 세기를 풍미했던 조세핀 베이커라는 댄서와의 만남일 것이다. 이후, 그의 회화 작품에는 여성의 알몸이 등장하기 시작했고, 건축에도 곡선이 더해졌다. 이듬해 그가 43세 때에 결혼한 젊은 아내 이본도 몬테카를로(프랑스)의 댄서였다. 여성 이외의 모티브로는 여성적인 곡선을 암시하는 바이올린이나, 제우스와 유로파의 이야기를 상기시키는 황소[※2]가 등장한다. 그림의 변천을 슬쩍 엿볼 수 있는 것으로는, 〈여성적인 것〉에 의한 해방된 그의 조형이며, 그것이 롱샹의 예배당[※3]에도 나타나 있다......라는 해석도 가능하다.

특징적인 둥근 안경. 사실 왼쪽 눈이 불편했던 르코르뷔지에. 그러므로 손에서 느끼는 것들에 대해서 더 민감했던 것이 아닐까? 자연의 풀과 나무를 스케치하기 시작한 소년 시절부터 건축가로서의 생애를 거쳐서 그는 손을 움직여 계획을 짰고, 계속해서 그림을 그렸다. 아내 이본을 여의었을 때도 그는 임종 때라고 생각되는 아내의 손을 잡은 스케치를 그렸다. 마치 손으로 이별을 음미하듯이.

Profile 본명 샤를 에두아르 잔느레. 파리를 중심으로 활약한 20세기를 대표하는 건축가이자 디자이너. 근대 건축의 거장 중 한 사람으로 자리매김했다. 건축, 가구, 예술, 도시계획 등, 다양한 분야의 디자인 이론에 큰 영향을 주었다.

※1 비례와 기하학으로 명쾌한 구성을 만든다는 예술 이론 ※2 유로파를 처음 본 제우스가 황소로 변신하여 그녀를 데려갔다는 신화 속 한 구절 ※3 초기 작품과는 대조적으로 곡선을 많이 사용한 조각적인 조형을 이루고 있다.

V.D.L.Research House

불사조처럼

V.D.L 리서치 하우스

설계: **리처드 노이트라**

준공: 1932년

안채 정면 파사드. 중앙현관 옆쪽에 설치된 수직 루버는 태양의 움직임에 따라 날개 방향을 전동으로 조절할 수 있다.

「로벨 저택(건강주택)」[38쪽]을 완성한 노이트라는 이듬해인 1930년, 세계여행을 떠난다.

일본에서는 라이트의 탈리아센에서 만난 츠치우라 카메키[※1]와 함께 가쓰라리큐(桂離宮) 등을 방문했고, 베를린에서는 미스에게 초대되어 바우하우스[55쪽 · ※1]에 가기도 했다. 그리고 네덜란드에서는 리트펠트의 슈뢰더 저택[22쪽]에 체류하는 등, 사람들과 활발한 교류를 느낄 수 있는 여행을 했다. 그 여행 중에 모더니즘의 광채가 넘치는 공장을 소유하고 있는 사업가, 코르넬리우스 반 데어 레우를 만나게 된다. 「로벨 저택」 등을 평가했던 레우는 노이트라 자신이 모던한 건축이 아니라, 검소한 방갈로에 살고 있다는 사실에 실망했고, 자택 건설을 위한 자금 협력을 제의했다. 그런 경위로 이 주택의 「VDL」이라는 작품명은 레우의 이름 (Van Der Leew)에서 따오게 되었다. 사실 지원된 자금만으로는 건설비가 부족하여 갖가지 건축 메이커에서 건축 잡지에서 광고하는 것을 조건으로 당시의 최신 재료를 무상으로 받았다. 그것은 뒤에서 이야기할 케이스 스터디 하우스[111쪽]에도 공통되는 방법이었다.

물이 찰랑찰랑한 저수지, 실버레이크가 보이는 도로 너머의 원하던 땅에 노이트라의 자택이 완성된 것은 1932년의 일이다. 그로부터

※1 土浦亀城 (1897~1996). 쇼와 초기 모더니즘 건축의 선구적 건축가.

안채 현관에서 중정을 향해 보이는 것은 개방적인 디자인의 계단. 소실 후에 재건된 것.

7년 후에는 중정을 사이에 두고 단층인 가든 하우스가 증축되었다. 안채인 1층에는 노이트라의 사무실이 있고, 위층은 가족의 프라이빗 공간이다. 가든 하우스에는 중정과 같은 레벨로 리빙룸 등의 거실이 있으며, 응접실과 플레이룸으로 사용되었다.

그러나 1963년, 안타깝게도 안채가 화재로 소실되고 말았다. 사무실에 있던 수십 년 분량의 도면 등이 완전히 사라져버렸지만, 지하에 있던 것들은 무사했다고 한다. 그로부터 3년 후, 노이트라는 이 주택을 재건했다. 건축법규적인 제약이 있었지만, 가든 하우스와 중정 부분이 전부 타지 않았기 때문에 주택의 50% 이상이 남아있었고, 기존의 전용면적과 들보를 사용할 수 있다고 주장해서 법 규제를 간신히 피할 수 있었다. 현재 캘리포니아 공과대학의 유지 관리 아래 견학할 기회도 있는 안채는 그때 재건한 모습이다.

재건 후의 안채에는 처음에는 없었던 수정된 부분이 있다. 작아진 저수지는 집으로부터 멀어졌고, 도시의 발달로 인해 전면도로의 교통량이 늘었기 때문이다. 건설 당시, 심플하게 연속되는 창의 개구부였던 파사드에는 알루미늄 차양 커버가

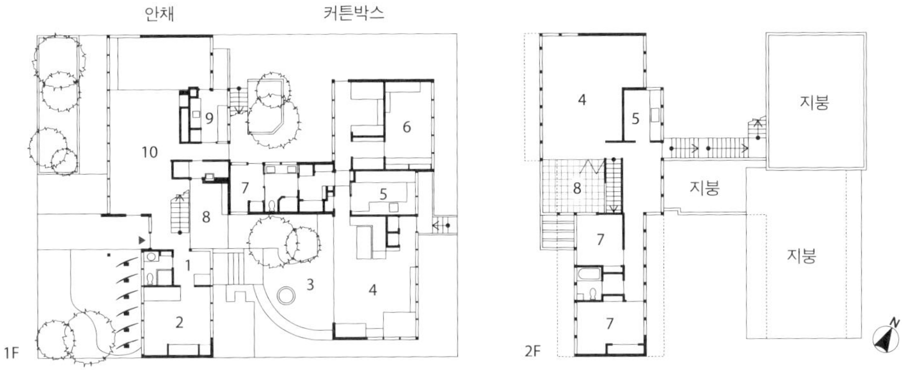

Data
소재지: 캘리포니아
(미국)
층 수: 지상 2층

1. 로비
2. 서재
3. 중정
4. 리빙
5. 키친
6. 침실(플레이룸)
7. 침실
8. 테라스
9. 워크룸
10. 오피스

추가되었고, 보다 움직임이 있는 외관이 되었다. 최상층인 유리로 된 펜트하우스는 건설 당시보다 확대되었고, 거실 주위에는 깊이 5cm의 수반이 설치되었다. 이 수반이 멀어진 저수지와의 연속감을 가져옴과 동시에 아래층의 단열층으로서도 기능한다. 로벨 저택에서 언급했듯이 〈바이오 리얼리즘〉의 관점에서도 물은 중요한 요소이다. 플랜은 중정 쪽으로 열리게 하는 것이었고, 바닥과 같은 높이로 만든 작은 창문으로 내부 공간을 중정으로 연속화함으로써, 대지에 대한 친밀도가 더해지는 느낌이다. 교통량이 많은 도로에 대해서는 실내에서 앉은 시선이 되면 책장 등이 설치된 절묘한 높이 설정의 스팬드럴벽에 의해 외부로부터 엿보는 일 없이 하늘과 수목에 대해 열린 관계를 만들어 내고 있다.

내부 공간은 주방에서부터 침대, 소파 등이 제작 가구로 만들어져있어서, 생활에 대해 세세한 부분까지 신경 썼다는 것을 알 수 있다. 그 「친밀도」는 노이트라의 인생에 계속해서 다가갔다.

Maison de Verre

유리와 철

유리 집 / 달자스 저택

설계: **피에르 샤로**

준공: 1932년

철제 프레임과 유리 블록으로 구성된 중정 측의 파사드. 뒤로 보이는 것은 기존 건물의 3층 부분. 기존 건물의 2층 밑부분을 철거하고, 그곳에 3층짜리 주택을 신축했다.

이 주택을 설계한 피에르 샤로는 당시 부유층을 대상으로 한 가구나 인테리어 수리로 평판이 높은 작가였다. 시공주인 달자스 부부는 그의 고객 중 하나였다. 부부는 중정과 뒤뜰이 있는 건물의 부분을 구입하였고, 그 부분을 개축해서 새로운 건축을 만들고자 계획하였다. 하지만, 이 건물의 3층에 사는 노령의 세입자가 퇴거를 거부했기 때문에 3층[※1]과 계단실을 남겨놓은 상태에서 사이에 3층분의 철골 골조를 삽입해서 그 사이를 새롭게 다시 만들었다. L자 모양으로 증축된 부분이 있기는 하지만, 실로 대담한 구조의 리노베이션 건축이다.

이 주택에서 필요로 했던 것은 그랜드 플로어에 시공주가 운영하는 병원을, 그 위층인 2층에 게스트를 초대할 수 있는 살롱(리빙)과 가족의 공간을 만드는 것이었다. 병원과 주택의 입구는 공유한다. 스틸 초인종이 여러 개 설치되어 있어서 소리의 높낮이로 방문자를 알아차릴 수 있다. 입구에서 안으로 들어가면, 병원의 대기실이 있다. 중정과 반대쪽에 파사드에도 판유리 블록이 사용되었는데, 투명 판유리도 조합되어 있어서 놀랍게도 나무들의 푸르름이 눈에 들어온다. 사실 드라이한 중정의 반대쪽에는 신록이 우거진 뒤뜰이 있기 때문이다. 주민이나 손님은 중간까

※1 그랜드 플로어를 포함하지 않기 때문에 사실은 4층이다.

저자에 의한 내부 스케치

지 환자와 같은 경로를 따라가지만, 반원형의 금속으로 만들어진 문을 열면 커다란 계단이 나타나서 빛이 넘쳐흐르는 위층으로 인도된다. 중정에 면하는 살롱에는 커다란 창문 벽면에서 확산된 빛이 쏟아진다. 조명기구는 없으며, 밤에는 밖에 설치된 투광기에서 유리 블록을 빛냄으로써 조도를 얻는다. 중정 측 파사드 바로 앞에 있는 스틸 프레임은 투광기를 설치하기 위한 것이다. 빛을 받아들여 쓴다는 의미에서 샤로가 얼마나 이 소재를 통과하는 빛을 신뢰하고 있는지를 느낄 수 있다.

그 빛에 비춰 나타나는 인테리어에 눈을 돌리면, 스틸에 의한 고밀도로 만들어진 디테일이 눈에 들어온다. 그리고 그 많은 부분은 〈움직인다〉. 샤로가 다룬 가구의 종류는 높은 비율로 스틸이 사용되는데, 그 큰 특징은 가동 부위가 많은 것이다. 스틸의 가능성을 추구하면서 도출된 아이디어가 가득 들어 있다. 이 주택에 이르면, 스틸제 미닫이문이나 회전 수납, 가동 칸막이 등이 설치되어 있는데 한참 보고 있으면, 점점 주종 관계를 알 수 없게 된다. 보통 이런 요소들은 건축을 「지탱하기」 위해서 존재하는데, 이 주택에서는 주객이 전도되어 있고, 증식해나가면서 그

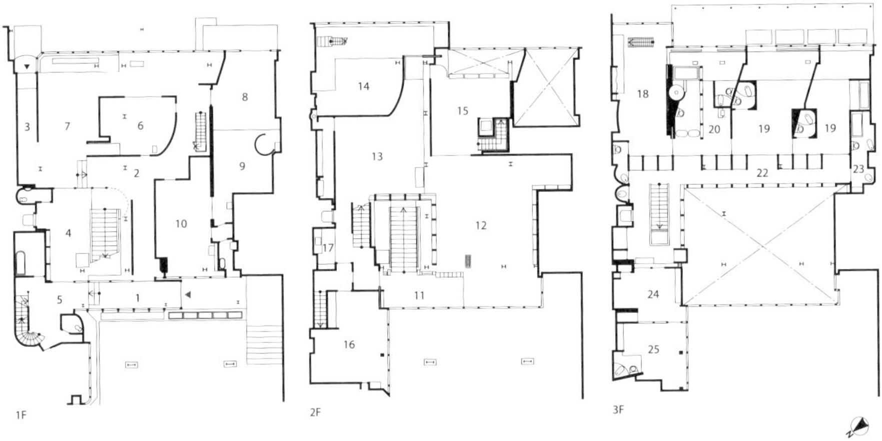

1. 현관
2. 중앙 회랑
3. 정원 회랑
4. 서비스(foyer)로비
5. 부엌문
6. 접수처
7. 대합실
8. 진찰실
9. 검사실
10. 간호사실
11. 층계참
12. 넓은 방
13. 다이닝
14. 담화실
15. 서재
16. 키친
17. 세면장
18. 주 침실
19. 침실
20. 욕실
21. 테라스
22. 갤러리로 향하는 통로
23. 손님용 욕실
24. 가사실
25. 도우미실

Data
소재지: 파리(프랑스)
층 수: 지상 3층

자체가 「건축」이 되어버린 감각을 보는 사람에게 안겨준다.

샤로는 이 주택을 규격화 주택의 프로토타입으로 이용할 수 있도록 설계에 힘썼다. 유리 블록 파사드나 칸막이에는 91cm의 모델이 사용되었고(일본의 한 치와 일치하는 점이 흥미롭다), 전체 구성은 범용성을 갖게 할 가능성을 내포하고 있었지만, 철물 직공과의 농밀한 협동과 그의 가구 디자이너로서 요구하는 정밀도에 대해서 실제로 4년 이상의 공사 기간과 막대한 비용이 필요했다. 이 비용은 부부의 관대함 때문에 조달되었다.

나이가 들어 미국에 건너갔지만, 생각대로 활동하지 못한 샤로. 결국, 다시는 만들어지지 않은 두 번째 「유리 집」. 이 주택은 그 자신의 환경적인 것뿐만 아니라, 두 번 다시 재현할 수 없는 밀도의 장인적인 일과 그것을 지탱하는 클라이언트를 만났기 때문에 건축된 것이다. 이렇게 해서 유일무이한 「프로토타입」으로써 파리에 이 건축은 남아있다.

Falling Water

물소리의 저편에 보인 것은

낙수장

설계: 프랭크 로이트 라이트

준공: 1937년

북측 외관. 펜실베이니아 서부에 있는 계곡 베어런의 폭포 위에 지어졌다. 폭포를 밀어내듯이 외딴 들보로 지탱된 철근 콘크리트 구조체는 원래 그곳에 있던 바윗덩이로 떠받치고 있다.

"오기나 하지, E · J, 만반의 준비하고 기다릴 테니까!"

건축가 프랭크 로이드 라이트는 전화로 클라이언트에게 답하고는 경악하는 스태프들 앞에서 후에 「낙수장」이라고 불리게 되는 이 명작 주택의 플랜을 맹렬하게 그리기 시작했다고 한다. 몇 시간 후, 클라이언트인 에드거 J 카우프만이 도착했을 때 마침 평면도가 완성되었고, 라이트는 침착하고 여유 있게 플랜을 설명했다. 점심시간 사이에 스태프가 입면도를 완성해서 무사히 협의를 마쳤다. 그리고 그 제1안이 그대로 최종안이 되었다. 첫 회의 때까지 배치도 이외의 도면은 그려지는 일이 없었기 때문에, 라이트는 그 복잡한 플랜을 머릿속에서만 짜고 있었다고 한다.

사실 이야기를 과장하거나 재미있게 〈연출〉하는 측면이 있던 라이트(자신이 태어난 해도 두 살을 속여서 사실상 친여동생과 같은 해에 태어났다고 했었다) 때문에 앞서 말한 에피소드에 대해서 신빙성을 의심하는 역사학자도 있었던 것 같고, 첫 회의 때까지 발견되지 않은 러프 스케치가 있었던 것은 아닌가 하고 찾아다녔다지만, 결국 아무것도 나오지 않았다고 한다.

클라이언트인 카우프만은 피츠버그 지역에서는 최대의 백화점을 경영하는 부자였다.

저자에 의한 북측외관 스케치 (가을)

처음에 이곳은 직원들의 야영장으로 사용되었는데, 대공황 후의 상황 변화 때문에 회사에서는 필요가 없게 되었기 때문에 카우프만가가 매입했다. 한동안은 간소한 휴양소를 그대로 별장으로 이용하다가 보다 쾌적한 주거 환경을 찾아서 라이트에게 설계를 의뢰한 것이다. 부지 안에는 암반에서 떨어지는 폭포가 있었는데 가족들은 그곳에서 노는 것을 기대하고 있었지만, 설마 그 바위 위에 건물을 세우리라고는 생각하지 않았을 것이다.

100평이 넘는 건축 규모보다 놀랄 정도로 작은 현관을 통해 내부에 발을 들이면, 12×15m의 커다란 거실 공간이 눈 앞에 펼쳐진다. 천장이 낮게 억제되어 있어서 수평으로 넓어지는 공간이 더욱 강조된다. 그 효과는 주변 환경과 실내가 매끄럽게 연결된 것처럼 느껴진다.

바닥에는 토종 천연석을 깔고 그 일각에 노출된 암반이 상감된 것처럼 둘러져 있다. 이것은 낙수장이 이 암반을 단서로 설계되었음을 나타내는 것이기도 하다. 자연석을 붙인 수직 방향의 벽이 암반 위에 세워져 있고 그로부터 콘크리트 캔틸

내 외부 벽에는 모두 현지에서 잘라낸 자연석을 이용하여 연속성을 도모하였다.

레버가 자유롭게 튀어나와 있는 것이 기본 구조로 되어 있다. 당시 카우트만과 친분이 있던 기술자는, "절대로 구조상 가능할 리가 없으니까 그만두는 편이 좋다." 라고 충고했다고 한다. 이 리포트를 받아 본 라이트는, "그런 터무니없는 말을 믿는다면 당신은 내 주택에 적합하지 않다." 라고 대답했다고 한다. 건축가도 클라이언트도 모두 〈도전자〉였다.

이 도전은 라이트에게 있어서는 마침 시기가 무르익은 타이밍이었기 때문에 도전할 수 있었던 것도 있다. 그때의 라이트는 주로 여성과의 거듭되는 스캔들로 인한 공백 기간 때문에 건축 세계에서는 과거의 인물로 여겨졌다. 실제로 네 번째 파트너인 31세 연하의 올기바나와 동거했을 무렵에는 사회적으로도 경제적으로도 상당히 궁지에 놓인 상황이었다.

그런 라이트를 구원한 것은 건축 학원 탈리아센 펠로십[※1]의 설립이었다. 배움의 장을 제공한다는 전제하에 탈리아센의 건설이나 유지에 노동시간을 할애하여 설계 활동도 하면서 펠로들로부터 수업료를 징수하는 시스템이었다.

※1 당시 라이트가 운영하던 건축 학원. 1932년부터 제자들과 두 곳(애리조나주, 위스콘신주)에 있는 학사에서 자급자족하는 공동 생활을 하면서 건축 교육과 실천했다.

유리 창틀에도 스틸이 활용되었다.

그 본연의 자세에는 찬부 양론이 있겠지만, 라이트의 「자서전」이나 작품집에 감화된 젊은 사람들이 모여들었다(그중에는 카우프만의 아들도 있었다). 그 자서전을 쓰라고 열심히 권했던 것도 탈리아센의 운영을 적극적으로 지휘한 것도 파트너인 올기바나였다.

그렇다고는 하지만, 실제로 일이 전혀 없었던 라이트는 동쪽과 서쪽에 있는 두 곳의 탈리아센을 건설하면서 「브로드 에이커 시티」라는 가공의 거대 프로젝트를 몽상하고 있었다.

그런 불우한 시기를 거쳐서 라이트는 「낙수장」으로 화려하게 건축계에 복귀했다. 철근 콘크리트 기술을 최대한 활용했으며, 분명히 이전의 방식에서 기법적으로 한발 나아간 모습이 보인다. 궁지에 몰리고, 몽상 속에서 깨달음의 경지에 도달한 건축가는 그 후 91세(자칭 89세)로 사망하는 그 순간까지 열정적으로 계속해서 달렸다.

Data
소재지: 펜실베이니아
(미국)
층 수: 지상 3층, 지하 1층

1. 리빙
2. 테라스
3. 현관
4. 침실
5. 서재

Villa Mairea

숲이 있는 곳

마이레아 저택

설계: **알바 알토**

준공: 1939년

※1 핀란드의 유리 메이커. 테이블 웨어 제품, 인테리어 제품을 다룬다. 알토 부부는 둘 다 이딸라의 수집품을 사용하고 있다.

엔트런스 파우치를 바라보다. 알토가 즐겨 사용했다는 자유로운 곡선을 가진 차양이 인상적이다.

이딸라[※1]에서 발매된 꽃병 「알토 베이스」. 이 특징적인 곡선은 어디에서 나온 것일까? 라는 생각이 들 때가 있다. 비슷한 자유곡선은 알토가 맡은 건축 속에도 자주 등장한다. 사실 이 수영장은 헤엄치기 위해서라기보다 뜨거운 사우나에서 나와 〈뛰어들기〉 위해서 존재한다.

나는 핀란드를 9월에 처음 방문했다. 유럽을 거슬러 올라 도달한 수도 헬싱키는 쌀쌀했고, 긴 여행의 피로도 겹쳐 감기에 걸렸지만, 공중 사우나에서 몸을 녹인 덕택에 극복할 수 있었다. 뜨거운 사우나에서 특징적인 곡선을 그리는 피오르의 호수[※2]로 뛰어드는 것이 사우나의 원래 풍경이며, 이 수영장의 곡선은 아마 그것의 은유적인 표현일 것이다. 숲과 호수의 나라에서 자란 모더니즘 건축. 그 밑바탕에는 혹독한 추위와 풍부한 자연에 호응하는 사람의 행위가 있다.

1933년, 비보르크(현 러시아)의 도서관을 설계한 알토 부부는 현지로의 접근성과 미래를 내다보는 일의 발전성을 생각했고, 거점을 투르쿠[※3]에서 수도인 헬싱키로 옮겼다. 헬싱키 근교에 위치한 문키니에미에 땅을 사고 지은 자택(알토 저택)은 경력 초기의 하얀 추상적인 스타일에서 목재나 벽돌 등 따뜻함이 느껴지는 소재를 사용하게 된 최초의 작품이

※2 빙하에 의한 침식 작용으로 만들어진 복잡한 지형의 만 · 후미(물가나 산길이 휘어서 굽어진 곳) ※3 핀란드 남서쪽 수오미현에 소재한 도시. 헬싱키에서 철도로 약 2시간.

리빙룸(사진 우측)을 바라보다. 콘크리트로 채워진 철제 원기둥이 서 있다. 단독은 아니고 두 자루가 묶여 있다. 다양한 디자인 기둥이 실내에 자연 나무가 자라고 있는 것처럼 혼재한다.

라고 알려져 있다. 마이레아 저택의 클라이언트인 글릭센 부부와 알토 부부의 사이에는 건물을 설계하기 몇 년 전부터 교류가 있었다. 이들의 만남은 핀란드의 「숲」이 초래했다고도 말할 수 있다. 당시 핀란드에서는 수출산업 대부분을 목재산업(임업)이 차지하고 있었으며, 관련 산업인 제지업도 번창하고 있었다. 알토는 확대되는 산업을 위해 필요한 시설의 설계를 의뢰받았는데, 그 무렵 제지 회사의 경영을 이어가고 있던 글릭센 부부를 소개받는다. 젊은 건축가 부부(당시 알토 39세, 아내 아이노 43세)와 그들보다 더 젊은 클라이언트(글릭센 35세, 아내 마이레 30세)는 의기투합하였고, 글릭센 부부는 헬싱키의 아파트 개보수를 알토에게 의뢰했다. 그때부터 이들의 교류가 시작되었다. 마이레는 페르낭 레제[※4]의 밑에서 그림을 배우면서, 당시 전위예술을 세계에 넓히려 했던 마티스, 피카소, 콜더 등의 전시회를 기획 · 운영했다. 또 알토를 글릭센 부부에게 소개한 미술 역사가 닐스 구스타브 하흘은 1933년 CIAM[※5]에 알토와 함께 출석했다.

※4 (1881~1955). 20세기 후반에 활약한 프랑스 화가. 피카소 등과 함께 당시의 전위미술 운동이었던 큐비즘(입체파)에 참가했다.
※5 건축가들의 모임. 도시 · 건축의 미래를 주제로 토론하는 국제회의. 모더니즘 건축의 발전에 크게 이바지했다.

「알토 저택 + 스튜디오」 외관 스케치

그리고 그 회의에는 레제도 출석했고, 그 또한 알토와 의기투합했다. 신진 예술가들과의 이 같은 유대는 이 집의 성격 형성에도 영향을 미쳤다.

당시 초반에는 다른 부지에 산속의 오두막 같은 건축을 구상했었지만, 최종적으로는 일족이 소유한 광대한 부지 일부에 저택을 짓기로 계획했다. 당시 초안을 질질 끌었는지 첫 번째 제안은 클라이언트를 만족시키지 못했고, 부부는 「알토라면 더 좋은 것을 만들 수 있다」라고 격려했다고 한다. 예산에 상한을 두지 않는다는 조건도 곁들였다.

완성된 주택은 확실히 저택이었다. 그런데 이상하게도 그 공간에는 친근함과 부드러움이 존재한다. 별채로 하는 것도 검토되었다는 갤러리는 거실과 일체화되어 생활공간 일부가 되었으며, 거기에 아무렇지도 않게 미술 수집품이 즐비해 있다. 현관 홀에서 목재 계단을 4단 정도 올라가면 거실로 연결되고, 거기서부터 서재 공간과 윈터 가든[※6]이 나온다.

※6 식물 등을 키우기 위한 온실. 이곳에도 대나무와 등나무와 같은 천연 소재로 만든 가구가 있다.

저자에 의한 「알토 저택 + 스튜디오」 외관 스케치. 외벽에도 목재나 벽돌 등의 자연소재가 충분히 사용되었다.

여러 방을 둘러싼 소재와 바닥의 레벨이 각기 다르며, 바닥 마감만 봐도 타일, 나무 바닥재, 카펫..... 등 다양하게 변화한다.

또한, 구조재 기둥도 규칙적이지 않게 배치하고 등나무로 두 개를 더 짜 맞추어 감았다. 거기에는 전체를 기하학적인 방법으로 통합하려는 강한 의지는 느껴지지 않는다. 오히려 그것에서 도망치기 위해서 「부분」이 우선시 되는 것처럼 생각된다. 현관에서 계단을 향해 돌면 나오는 늘어선 좁은 기둥은 마치 숲이 내부로 들어간 것 같다. 저녁때가 되면 창문으로 석양이 들어온다. 일본에서 거실을 설계할 때는 강한 서향에 대한 배려가 필요하지만, 여름에도 태양 고도가 낮은 북유럽에서는, 「태양의 은혜를 어떻게 받을 것인가?」에 대한 설계가 이루어진다. 그 때문에 그것이 매일 저녁 공간을 극적으로 장식한다.

마이레아 저택에서는 곡선을 촉매로 하여 그곳에 사는 사람들에게 편안한 스케일감의 공간이 연속된다. 그것은 험준한 자연 속에서 부드럽게 감싸였다. 어쩌면 〈사람이 머물기〉 위한 필연이었는지도 모른다.

Data
소재지: 노르마르쿠
(핀란드)
층 수: 지상 2층

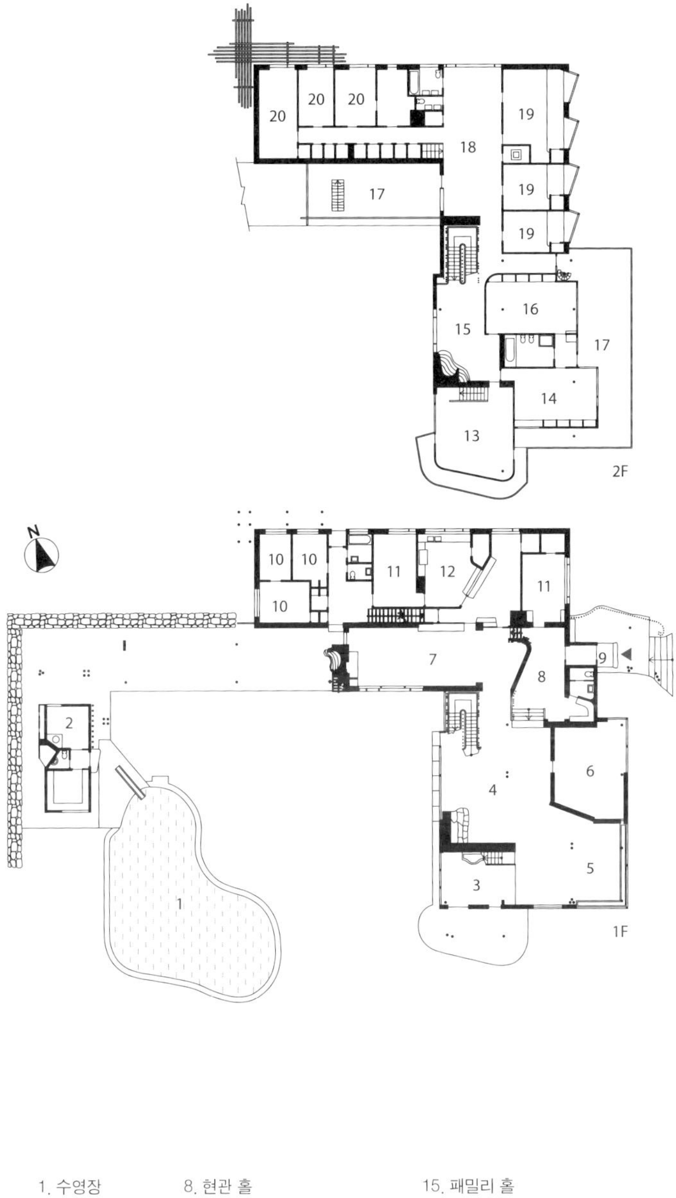

1. 수영장
2. 사우나
3. 윈터 가든
4. 리빙
5. 피아노실
6. 서재
7. 식당
8. 현관 홀
9. 메인 입구
10. 도우미실
11. 사무실
12. 키친
13. 아내 마이레의 아틀리에
14. 아내 마이레의 침실
15. 패밀리 홀
16. 남편 해리의 침실
17. 테라스
18. 자녀를 위한 홀
19. 자녀 방
20. 게스트 룸

Alvar Aalto

알바 알토

1898.2.3 - 1976.5.11

Works
비푸리의 도서관
(1935, 비푸리)
핀란디아 홀
(1971, 헬싱키)
부오크세니스카 교회
(1958, 이마트라)
헬싱키 공과대학
(현 알토 대학)(1966, 에스푸)

밝고 사교적이며, 언제나 사람들의 중심에 있는 것 같은 알토. 그것을 지지해 주고 있던 사람이 아내 아이노였다. 헬싱키 공과대학에서 4학년 위였던 아이노는 알토와는 대조적으로 조용하며 건실한 여자였다고 한다. 가구나 식기 등의 디자인도 다루었던 부부는 아이레아 저택의 시공주인 마이레, 그를 소개해 준 하루와 함께 4명이 프로덕트를 제작 · 판매하는 회사, 「아르텍」을 설립했다. 하루가 사망한 후에는 아이노가 그 매니지먼트를 혼자 도맡았다.

아이노는 알토의 여성 편력에도 어느 정도 눈을 감고 있었다고 한다. 하지만 알토는 장기 체류했던 미국에서 아이노의 편지만을 기대하며 답장을 쓰곤 했다고 한다. 기본적으로 그녀가 쓴 편지 외에는 개봉도 하지 않고 쌓아 두었다고. 알토는 「언젠가 여유가 생긴다면 좋겠다.」라고 말한 아이노에게 줄 밍크코트(당시 교수 수입 1년분의 가격이었다)를 구입해서 교육하고 있던 MIT[※1]에서 갑자기 핀란드로 돌아온다. 그때는 이미 아이노의 암이 상당히 진행된 상태였다. 1949년, 아이노가 사망하자, 알토는 아이노의 시체에 그 코트를 입혀주었다고 한다. 알토는 몹시 의기소침했지만, 세이나찰로 시청사의 설계 담당이었던 23세 연하의 직원 엘리사와 2년 후에 재혼했다. 그녀는 밝은 성격에 의지하면서 만년을 보내게 되었다.

알토는 세이나찰로 근처 호숫가에 엘리사와 지내기 위한 「여름 별장」을 지었다. 그 별장에는 다양한 벽돌 패턴이 시도되었으며, 「실험주택」이라고도 불렸다. 한편, 문키니에미의 알토 저택은 아이노의 그랜드 피아노를 그대로 남겨놓는 등, 아이노가 살던 그대로의 모습이 보존되어 있었고, 아이노를 존경하던 엘리사도 그 추억과 함께하고 있음을 알 수 있다.

1976년에 알토가 사망한 후, 아이노와의 신혼여행 이래로 이탈리아를 향한 강한 마음을 품고 있던 그를 위해서 엘리사는 고대의 주두를 어떻게든 찾아냈고, 알토의 묘비에 늘어놓았다. 엘리사는 1994년에 사망했고, 그 묘에 함께 묻혔다.

Profile 핀란드 출신의 건축가. 아내 아이노와 함께 건축에서부터 가구, 유리 식기 등의 일용품을 디자인하기도 하고, 그림까지, 다방면에 걸친 디자인을 남겼다. CIAM의 종신회원으로 발탁되어, 인간적인 근대 건축을 창조하는 일에 생애를 바쳤다.

※1 매사추세츠 공과대학(미국)의 약칭

저자에 의한 알토 작품 스케치

좌: 부오크세니스카 교회(1958년 준공, 핀란드) 내부

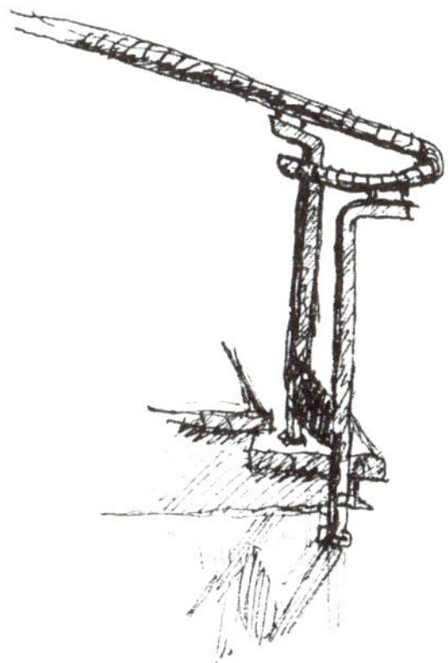

우: 문화의 집 (1958년 준공, 핀란드)
계단 손잡이 디테일

핀란디아 홀 (1971년 준공, 핀란드) 내부

탈리아센 웨스트 (1937년 준공, 미국) 외관

마린 군청사 (1966년 준공, 미국) 외관

1940s

Chapter 3

Casa Barragan / Luis Barragan

[바라간 저택 / 루이스 바라간]

Lunuganga / Geoffrey Bawa

[루누강가 / 제프리 바와]

Eames House / Charles & Ray Eames

[임스 저택 / 찰스 & 레이 임스]

Glass House / Philip Johnson

[유리 집 / 필립 존슨]

Casa Barragan

짜여진 정원처럼

바라간 저택

설계: 루이스 바라간

준공: 1947년

1층의 계단실. 비비드한 핑크와 화이트 벽이 강한 대조를 이룬다. 계단 꼭대기에 있는 금 패널은 아래층으로 빛을 이끌어 주는 역할도 한다.

「일상적인 산책은 종종 무언가에 마음이 움직여지고 황홀해지는 것 같은 순간들로 가득하다. 하지만 그것을 기억으로 남기지 못하는 것이 정말 안타깝다. 그러므로 마음속에 떠오르는 것을 적어 두려고 한다.」(인용: 『고독한 산책가의 몽상』 루소(저), 가즈오 콘노(역), 이와나미 서점, 1960)

건축가 루이스 바라간은 지방 도시인 과달라하라의 대 농원[※1] 주인의 아들로 태어났다. 만년의 강의에서 자신의 건축은 어린 시절에 보낸 풍부한 자연이나, 말과 함께 한 어떤 생활에 대한 노스탤지어에 귀를 기울임으로써 탄생했다고 말했다. 풍부한 자연에 둘러싸여 교회나 학교 등 생활에 필요한 시설도 있고, 자급자족이 가능한 자치적 커뮤니티였던 대 농원을 1936년에 일어났던 농지개혁으로 잃고 난 후에도, 아니, 잃었기 때문에 더욱 상징적인 이상향의 이미지로서 그의 기억에 새겨졌을 것이다.

그런 바라간의 자택 「바라간 저택」은 멕시코시티 교외의 타쿠바야 지구에 자리 잡고 있다. 그는 당시, 방치된 채석장이었던 땅의 장래성을 전망하고(현재는 고급 주택가이다), 부근 일대의 토지를 구입해서 최초의 자택(현 · 오르테가 저택)을 세웠다. 그곳에서 가장 먼저 시작한 것은 지형을 이용하여 정원을

※1 17세기 즈음 스페인령의 중남미에서 발견할 수 있는 농원 경영의 형태

1층 리빙룸에서 정원을 바라보다. 천장에 이르는 넓은 입구에서 외부의 자연을 회화적으로 분리하고 있다. 십자가를 본뜬 새시의 프레임을 통해 정밀한 공간을 연출했다. 그 밖에도 십자가 모티프가 벽 장식이나 창문, 문 등, 곳곳에 이용되었다.

가꾸는 일이었다. 높낮이 차를 교묘한 계단으로 연결하여 아름다운 꽃을 피우는 식물로 조각을 배치했다. 이 정원은 배치된 오브젝트에 따라 이탈리아식 정원[※2] 같은 분위기도 나면서, 자연의 생명력을 억제할 수 없는 야성미가 있다. 곳곳에 용암이 노출되어 쓸모없는 것으로 여겨졌던 멕시코시티 외곽의 용암 대지 엘 페드레갈. 바라간은 이 척박하고 광대한 땅에 아름다운 정원을 만드는 것을 목적으로 고급 주택지로 탈바꿈시켰다. 그리고 이 땅의 개발자금을 위해서 오르테가에게 자택을 매각했는데, 그것이 좋은 결과를 낳아 오르테가 저택 옆에 「바라간 저택」을 건설하게 되었다. 오르테가 저택과의 경계에는 바라간이 언제든지 정원을 방문할 수 있도록 문이 만들어져있다.

바라간은 고향 과달라하라에서 멕시코시티로 이주해 살면서 시공주의 의견에 얽매이지 않고 설계를 다룰 수 있도록 청부 일을 그만두었다. 그리고 스스로 디벨로퍼가 되어, 모더니즘 스타일 집합 주택의 기획 · 설계 · 판매를 다루었다. 오늘날 남아있는 자택이나 그와 비슷한 공간을 원하는 친구들을 위해 설계한 몇 안 되는

※ 2 르네상스기에 이탈리아에서 발전한 정원 양식. 경사지를 이용한 정원 내에 계단, 분수 및 샘물, 고대 로마풍의 조각상이 배치되었고, 그 세부에는 화려한 장식이 새겨졌다.

1층 서재 겸 도서실에서 중간 2층으로 올라가는 계단을 바라보다. 계단(사진 우측)은 심플한 캔틸레버만으로 벽에 고정되어 있다. 서재의 창문은 통로 쪽에 있으며, 유리창 너머로 빛이 비치고 있다.

주택들은 바라간 개인적인 일로 시작한 것이었다.

실제로 방문한 바라간 저택의 외관은 주의해서 보지 않으면 지나가 버릴 만큼 과묵했다. 방문했을 당시에는 아직 일반인에게 공개 전이었기도 하고, 건물에 대한 몇 안 되는 정보밖에 없었다. 그곳은 「무제오(박물관)」이라는 말을 듣고 갔기 때문에 바라간 저택이라고 한 번에 깨닫지 못했다. 하지만 내부로 발을 들여놓는 순간, 아름다운 계단실이 한눈에 들어왔다…….

아침 식사를 하기 위한 작은 다이닝, 아침 시간대에 음악을 듣기 위한 장소, 기도를 위한 공간(바라간은 열렬한 크리스천이었다), 노란 불빛 아래에서 옷을 갈아입는 개인실, 억제된 빛으로 독서를 즐기는 서재, 그림과 같이 잘린 정원을 바라보는 리빙룸……. 면적으로만 보면 상당한 저택이지만, 다양한 행위에 맞춘 편안한 비례감으로 분리된 공간이 차례차례 연속되어 간다. 그 비례감은 방의 크기(면적)뿐만 아니라 볼륨(높이)의 조작에 의해서도 만들어지고 있다.

다이닝룸 내부

변화하는 바닥의 높이가 커다란 요소가 되고 있음을 느끼며 저택을 돌아다니다 보면 이 집이 입체적으로 짜인 〈정원〉이라고 생각된다. 계절의 변화와 햇빛의 이동, 하루 생활의 움직임에 맞추어 집안을 산책하고, 배우고, 몽상한다. 바라간과 그의 생활을 지탱해 준 메이트, 두 사람을 위한 공간이라기에는 언뜻 보기에 너무 커 보이지만, 그렇게 느껴지지 않는 안락한 느낌을 받을 수 있다. 분명 각각의 순간을 서로 감싸 안기 위한 위치가 결합된 〈정원〉이기 때문일 것이다. 산책 중에 볼 수 있는 탐스럽게 핀 부겐빌레아 꽃의 분홍색. 자카란다 꽃의 보라색. 벽의 색깔도 실제로 핀 꽃의 색에 맞춰져 있다.

첫 부분에 인용한 루소의 말대로 그가 산책 중의 황홀한 순간을 「적어 두려고」 생각했던 것처럼 바라간은 기억 속에 있는 아름다운 순간을 하나하나 건축에 새겨 넣은 것은 아닐까? 언뜻 보기에 수도원과 같은 금욕적인 공간으로 보이는 주거 공간에는 고요한 풍요를 지탱하는 세세한 즐거움의 기색이 숨어 있다.

바라간 저택 외관. 선명하고 강렬한 인상의 내부와는 대조적으로, 검소한 표정으로 마무리되어 있다.

저자에 의한 내부 스케치. 좌: 1층 리빙. 오른쪽 위: 문틀 상부의 십자가를 모티프로 한 디테일. 오른쪽 아래: 베드 룸 옆 작은방 내부.

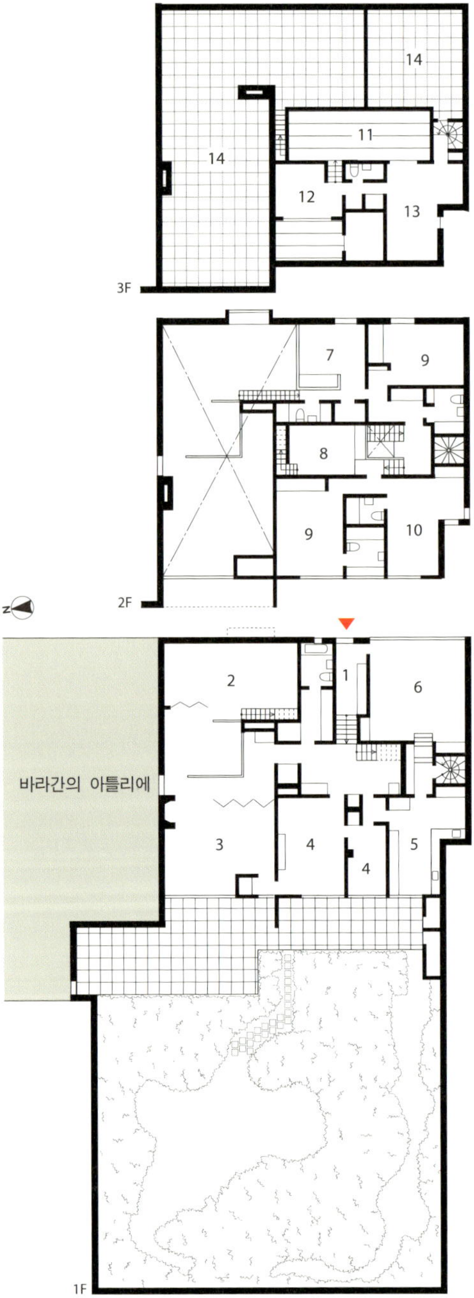

1. 홀
2. 서재 겸 도서실
3. 리빙
4. 다이닝
5. 키친
6. 주차장
7. 서재
8. 라운지
9. 침실
10. 서고
11. 서비스 야드
12. 세탁실
13. 하인실
14. 테라스

Data
소재지: 멕시코시티
(멕시코)
층 수: 지상 3층

Luis Barragan

루이스 바라간

1902.3.9-1988.11.22

Works

페드레갈 정원 분양지
(멕시코시티, 1954)
틀랄판 예배당
(멕시코시티, 1960)
쿠아드라 산 크리스토발
(멕시코시티, 1968)
카사 길라디
[168쪽](멕시코시티, 1968)

바라간 저택의 차고에 잠들어 있는 1958년식 실버 캐딜락[※1]. 그 보디에는 뽀얀 먼지가 쌓여 있었다. 그 유선형의 실루엣은 마치 수도원과 같은 정적을 자아내는 바라간 저택의 분위기와는 정반대로 느껴졌다.

1902년에 태어난 루이스 바라간은 22세 때 유럽에서 18개월에 걸친 긴 여행을 감행하고, 그 후에 건축가로서 활동을 시작했다. 두 번째 유럽 여행에서는 사보아 저택을 완공할 무렵의 르코르뷔지에와 만나기도 했다. 귀국 후에 무던한 스타일의 작품을 많이 다루었다.

바라간은 건축가로서 클라이언트의 취향 · 요구를 맞춰가면서 일을 계속하는 것이 너무 싫증 나서, 일종의 「은퇴 선언」을 했다. 그리고 땅을 구입하여 개발하고, 주택을 지어서 파는 디벨로퍼적인 일을 시작했다. 엘 페드레갈에서는 용암에 덮여 아무도 거들떠보지도 않았던 땅에 전기 · 수도 등 인프라를 구축함으로써 헐값의 토지를 고급 주택지로 변모시켰다. 이 투기를 통해 바라간은 생계를 위해 설계할 필요가 없을 정도로 많은 재산을 모았다. 차고에 잠들어 있는 캐딜락은 그 상징인 것이다.

유능한 사업가인 한편, 경건한 기독교인이었던 바라간의 집에는 기도 그 자체를 위한 공간도 있고, 거실에서 정원을 바라보는 십자 모양의 창틀뿐만 아니라 옥상의 벽, 문틀 등에도 십자가 모티프가 곁들여졌다. 그런 그가 나이가 들어 시작한 일이 카푸친회 수도원의 개보수이다. 그는 이 의뢰를 받고, 건설에 필요한 비용을 전액 부담하는 대신에 원하는 대로 설계를 하게 해달라고 제의했다. 그리고 8년이라는 실로 긴 세월을 들여서 완성시켰다.

예배당을 방문했을 때, 공간에 손을 대면 빛의 입자를 〈촉감〉으로 느낄 수 있지 않을까? 하는 착각이 들 정도로 아름다운 공간이었다. 그 빛에는 풍부한 색채가 박혀있었고, 빛과 색의 그러데이션 덕분에 십자가가 떠올랐다. 그곳에는 끊임없이 탐구하는 건축의 길에서 스스로를 신앙에 바친 한 〈탐구자〉의 흔적이 있었다.

Profile 20세기 멕시코를 대표하는 건축가. 핑크나 노랑 등 선명한 색채, 빛이나 물을 대담하게 도입한 독특한 세계관을 가진 주택 작품을 남겼다.

※1 미국 자동차 메이커. 제너럴 모터스가 선보이는 고급차 브랜드.

Lunuganga

낙원이 말을 걸어오다

루누강가

설계: **제프리 바와**

준공: 1948-2003

보드워크에서 동쪽의 수목을 바라보다. 같은 간격으로 심겨 있지만, 시간이 지날수록 자연 속에 부드럽게 감싸져 간다.

스리랑카는 적도 바로 아래에 있으며, 일 년 내내 강렬한 햇볕이 내리쬐지만, 항상 계절에 따라 바람이 일정한 방향으로 부는 기후이다. 그 때문에 햇볕을 가릴 수 있는 지붕이 있고, 바람이 불면 아늑한 공간을 만들어 내곤 한다. 계속해서 부드럽게 스쳐 가는 바람이 여행의 기억 속에 새겨져 있다.

그것은 마치 자연의 향연이라도 되는 듯, 힘차고 우거진 녹음이 가득한 거대한 부지 안에서 종소리가 울려 퍼진다. 한 명의 하인이 그 소리를 알아듣고 건축가에게 진토닉을 전달한다. 그곳에는 오랜 세월에 걸쳐 쌓아 올린 아늑한 공간이 여러 개 놓여 있고, 각각의 장소에는 끈을 당기면 울리도록 세공된 「서로 다른 음색」의 종이 준비되어 있다.

예전에 그곳에서 잔을 기울이던 건축가의 이름은 제프리 바와이다. 그는 건축가로서 생애를 보냈으며, 콜롬보에 있는 자신의 집[※1]과 이 버려진 고무 농장이었던 루누강가(싱할라어로 「소금 강」을 의미한다)를 맡아서 건설했다.

어린 시절부터 「하인에게 명령하는 것이 일」인 풍족한 환경에서 자란 바와는, 일찍 돌아가신 아버지와 마찬가지로 법학 학위를 취득하기 위해 콜롬보에 있는 대학에 입학했다. 그 후 영국에 가서 학업을 마치고 변호사로 일하기 시작한다. 20대 후반에 세계를 여행했을 때 방문한 이탈리아의 빌라[※2]에 감명을 받아 가르다호숫가에 빌라를 소유하려고 했지만, 실현되지 못했다. 실의 속에 스리랑카로 돌아온 바와는 콜롬보 남쪽에 있는 벤토타 교외에 광대한 토지를 구입한다. 이것이 루누강가의 시작이다. 그는 건축과 정원 계획에 몰두하면서 놀랍게도 건축으로의 전환을 결심한다. 다시 영국에 돌아간 바와는 이번에는 AA 스쿨[※3]에서 건축을 배운다. 그것은 살아가려던 삶(법률)을 버리는 일이기도 했다. 그 지역에서 건축가 자격을 취득했을 때, 그는 서른여덟 살이 되었다.

루누강가의 메인 하우스는 원래 농장에 있던 건물을 바와가 리모델링한 것이다. 그 후, 여러 개의 건축물이 새롭게 만들어졌다. 실제로 방문하여 천천히 둘러보다 보니, 사실 건축은 「포석」이 아닐까 하는 생각이 들기 시작했다. 건축에 병주하며 얽혀 가는 랜드스케이프는 어디까지나 일체의 공간 체험으로서 기억에 남았다.

※1 통칭 넘버 일레븐. 콜롬보 고급 주택가에 있다. 바와가 네 채의 작은 집이 늘어선 긴 집을 약 30년에 걸쳐 수리했다. ※2 고대 로마나 르네상스기의 이탈리아 등에서 세워진 귀족의 별장. ※3 런던에 있는 사립 건축학교. 졸업생 중 프리츠커 건축상 수상자 다수 배출.

메인 하우스의 리빙룸. 테라스를 마주하고 있어 밝고 모던한 인상을 준다.

그 일은 처음에는 약간 당황하면서도 서서히 조용한 흥분에 휩싸여 갔다. "중요한 것은 작품뿐이다"라고 말하며 대량의 도면을 태워버렸다고 하는 바와. "나에게는 '건축을 말로 하는 것은 불가능하다'라는 강한 신념이 있다. 건축은 완전히 설명할 수 없고, 경험해야 하기 때문이다."라고 말하는 그의 모습에 다가서기 위해서는 남겨진 건축 공간을 느끼는 것, 아마도 그것이 전부일 것이다. 동성애자였던 바와는 자손을 남기지 않았기 때문에, 반세기 동안 추구해 온 「낙원」은 후계자에게 물려주는 일 없이 그대로 동결 보존되었다. 현재 총 여섯 개의 숙박 시설로 그 세계관을 체험해 볼 수 있다.

이곳에 머문 다음 날 아침 일찍 자욱한 아침 안개를 헤치며 걸었던 조용한 시간이 깊게 기억 속에 남아있다. 데두와 호수를 끼고 산책로를 걷다 보면 너른 자연을 누리기 위해 무섭고 신중하게 배려된 〈손의 흔적〉을 느낄 수 있다. 동시에 전체를 통솔하는 선과 결절점은 정말 교묘한 포석을 보여준다.

경사면을 따라 세워진 갤러리 룸 내관. 바와의 미술 수집
품이 즐비하다.

그 밑바탕에는 기하학적 통제가 이루어지고 있다. 이곳은 건축물과 랜드스케이프가 서로 분리되어 있지 않아 그사이에 경계선을 긋기는 어렵다. 최근에 와서야 손질되었을 부분도, 초기부터 있었던 자리도, 모두가 마치 백 년 단위의 시간을 거친 것처럼 꾸며져 자연의 힘이 유적을 삼켜간 듯한 모습을 보인다. 건축 구성 방법 자체에는 모더니즘의 작법도 혼재하고, 소재도 콘크리트나 스틸 등, 여러 가지가 존재한다. 하지만 거기에서 느낄 수 있는 것은 오랜 시간이 지나야 얻을 수 있는 그런 모습이다. 물론 스리랑카의 기후와 잘 맞았기 때문에 실현된 부분도 있을 것이다. 이 희한한 장소는 〈시간을 넘기〉 위해서, 미래로 보내는 편지로써 만들어진 「낙원」이지 않을까? 그리고 이 모든 것이 그것을 해독하는 현대의 우리가 있는 곳까지를 내다본 「계획」이었다면……. 이라는 생각을 해본다. 바와가 말을 넘어서 남기고 싶었던 것에 대한 상상은 끝없이 이어져 간다.

Data
소재지: 콜롬보
(스리랑카)

1. 메인 하우스
2. 갤러리 룸
3. 파빌리온
4. 글라스 룸
5. 게이트 하우스 · 스위트
6. 단지 위의 큰 나무
7. 게스트 하우스

Geoffrey Bawa

제프리 바와

1919.7.23-2003.5.27

Works
헤리턴스 칸달라마 호텔
(1991, 담불라)
제트윙 라이트하우스
(1997, 갈레)
더 블루워터
(1996, 와두와)
넘버 일레븐
(수리 1958~1959, 콜롬보)

법률가의 길을 저버리고 건축가로 변신하기 위해 영국으로 돌아온 바와. 그런데 졸업 설계를 친구에게 돈을 주고 제작하도록 하는 등, 어떤 면에서는 설계 과정을 거쳤다고 보기 어려운 측면이 있다. 그렇다면 그동안 그는 무엇을 하고 있었을까? 사실은 아끼는 차인 롤스로이스로 유럽에 있는 건축이나 사적 등을 돌고 있었다고 한다. 그 때문에 귀국 후에도 자를 다루는 것이 서툴러 단면도를 그릴 수 없었다고도 한다. 바와의 건축 양식이 확립되어 가는 초기 단계에서 이를 기술적으로 뒷받침해 준 사람이 있다. 바와보다 열 살 어린 울릭 프레스너이다. 덴마크의 명문, 코펜하겐의 왕립 아카데미에서 알토나 야콥센 등에게 가르침을 받아 건축가로서 활약하던 울릭. 어떤 설계의 공모가 인연이 되어 스리랑카에 와서 바와와 운명적으로 만나게 되었다.

어린 시절부터 풍족한 환경에서 자라서 세계여행을 거듭하던 바와는, 말하자면 희대의 「감정가」였다. 뇌리에 떠오르는 이미지를 방안지에 러프 스케치로 그려 넣었다고 하는데, 그것을 울릭이 읽어내고, 기술적인 검토를 거쳐 설계도로 정리해 나갔다. 스리랑카의 로컬적인 소재나 공법이 북유럽의 세련된 모더니즘과 기적적으로 만나면서 〈바와 스타일〉의 건축으로 승화된 것이다.

"그는 나에게서 배웠고, 나는 그에게서 배웠다. 우리는 6년간 항상 함께였다." 울릭은 또한 이렇게도 말했다. "제프리는 매우 강한 성격을 가지고 있다. 언제나 동료의 중심에 있어 모두의 웃음이 끊이지 않고, 그 자리에 있던 모두가 행복한 기분이 된다. 그는 무대 미술가의 존재로 전체를 정리한다."

사람을 끄는 매력 있는 인물이었던 바와. 그의 이상이 끌어낸 공간의 편안함은 그가 만년까지 자주 이용했던 휴양지 공간에도 반영되어 있다.

그리고, 그 공간의 편안함은 바와가 만든 리조트호텔에 감명을 받은 아만 그룹[※1]의 대표, 아드리안 제차에게 계승되었다.

Profile 스리랑카 콜롬보 출신의 건축가. 스리랑카를 대표하는 건축가로, 트로피컬 모더니즘[※2]의 제 일인자로서 아시안 리조트 호텔 등을 다루었다.

※1 동남아시아를 중심으로 미국이나 중국 등지에서 소규모의 고급 리조트를 전개하는 호텔 체인.
※2 입지나 지형, 주변 자연을 살린 열대 지역 특유의 전통적인 설계와 근대적 디자인을 혼합한 건축 양식.

Eames House

느긋하고 대범한 프로토타입

임스 저택

설계: 찰스 & 레이 임스

준공: 1949년

남측 외관. 집과 평행하게 설계된 개방적인 베란다 앞에는 횃불처럼 유칼립투스 나무가 늘어서 있다.

2001년의 일이었다. 우에노 공원에 엄청난 인파가 모였다. 설마 그 대부분이 도쿄 미술관을 관람하려고 하는 사람들이라는 생각은 하지 못했다. 사람들의 모습이 전혀 그렇게 보이지 않았기 때문이다. 언뜻 보기에도 디자인이나 건축에 종사하고 있을 것 같은 「매우 그러한」 모습의 사람도 있었지만, 표현이 좀 그렇지만 갸루 같은 소녀들도 포함해서 남녀노소가 「임스 전」으로 빨려 들어갔다. 당시에는 디자인 관련 잡지가 몇 번이나 창간되어 인테리어나 건축의 특집을 짜는 일이 늘어나던 시기이기도 했다. 행렬을 보고 놀란 점은 디자인이 좋은 의미로 사람들에게 「다가온 것」이라고 생각되는 순간이었다.

찰스 & 레이 임스 부부의 활동을 한마디로 설명하기는 어렵다. 합판과 알루미늄을 이용한 여러 가구는 유명하지만, 이외에도 의료용 기구의 제품 개발 및 영상 제작에 이르기까지, 그들의 활동은 실로 다양했다. 작업한 영상 작품 중에서도 특히 인상 깊은 것은 『10의 제곱수』였다. 피크닉 하는 사람을 바로 위에서 본 샷부터, 10의 거듭제곱으로 화각이 넓어지고, 우주적 스케일로. 이번에는 반대로 시점이 마이크로를 지향하면서 세포 수준에서 원자의 세계까지 나누어 들어간다. 세계가 매끄럽게 연결되어 그 모든 상태의 아름다

동측 외벽. 좌: 북측 외관. 직선적인 철골 격자 안에 시멘트 보드와 빨강, 파랑, 노란색으로 채색된 컬러풀한 나무판이 끼워져 있다.

움(디자인)이 있다는 것을 상세히 밝혀 주는 쇼트 필름이다. 임스 부부가 남긴 일련의 영상 작품 중에서도 어느 날의 임스 저택을 기록한 필름이 있다. 그 필름 속에서는 부부와 아이들의 즐거운 일상이 펼쳐진다.

「케이스 스터디 하우스」[111쪽] 시리즈의 「#8」로 발표된 임스 저택은 당시에는 찰스와 에로 사리넨[※1]에 의한 공동 설계였다. 1945년에 설계를 마쳤으나, 전쟁 후 자재 부족으로 진행이 중단되었고, 4년 후 완성되었다. 당시 초기의 안은 다리처럼 캔틸레버[※2]를 내다는 것이었으나, 현장에 자재가 운반된 후에 임스 부부에 의해 크게 설계가 변경되었다. 바닥 면적은 두 배로 확장되었는데, 그것을 바꾸는 데 필요한 추가 발주는 겨우 대들보 한 개뿐이었다고 한다. 부지는 로스앤젤레스 외곽 산타모니카가 내려다보이는 언덕 위이다. 바로 앞 부지에는 「케이스 스터디 하우스」를 진행한 존 엔텐자의 주거지「#9」(사리넨과 찰스의 공동 설계로 지어졌다)가 있다. 임스 저택은 그 앞쪽의 녹음이 우거진 고지대에 유칼립투스 나무와 함께 우람한 모습으로 서 있다.

※1 20세기 미국에서 활약한 건축가, 프로덕트 디자이너. 핀란드 출신. 콘크리트 셸 구조를 이용한 흐르는 곡면 스타일의 디자인이 특징. ※2 들보의 한쪽 끝만을 고정하여 공중에 돌출시킨 구조. 외팔 대들보라고도 부른다.

자그마한 사적인 공간에 비해, 크고 개방적으로 치솟은 거실. 부부가 수집한 가구와 소품이 진열되어 있다.

주거와 아틀리에 동이 파우치를 사이에 두고 정면으로 마주 대하며 있다. 바다 쪽에는 지붕이 덮인 파우치가 거리를 두고 놓여 있고, 통풍이 안 되는 거실과 연속되어 있다. 계속해서 소중하게 유지 관리되었을 것이다. 외관은 지금 봐도 오래되지 않은 맑음이 전해져 온다. 본체도 오래되지 않은 청량함이 전해져 온다. 유리, 시멘트 보드, 목제 패널 등, 구성요소는 모두 카탈로그에서 선택한 재료의 조합이라고 하는데, 몬드리안[23쪽 · ※2]적인 색채가 전개되며 풍부하고 쾌활한 인상을 준다. 그 부재들은 특수한 조인트를 이용하거나, 추상화해 보이기 위해 공예적인 장인 일을 요구하지도 않고, 참으로 순순히 짜여 있다. 미스[124쪽]의 건축에 있는 듯한 원리주의적–수고를 들여 철골을 전부 용접하고, 그라인더(연삭기)로 연마하는 것으로 성립하는 잘 닦인 건축의 본연의 자세란, 마치 반대의 극에 있는 듯한 인상을 준다. 조인트는 조인트로 취급되고, 부재는 기성품을 그대로 이용한다……. 이런 식으로 좋은 의미로 대충이며 쾌활하다.

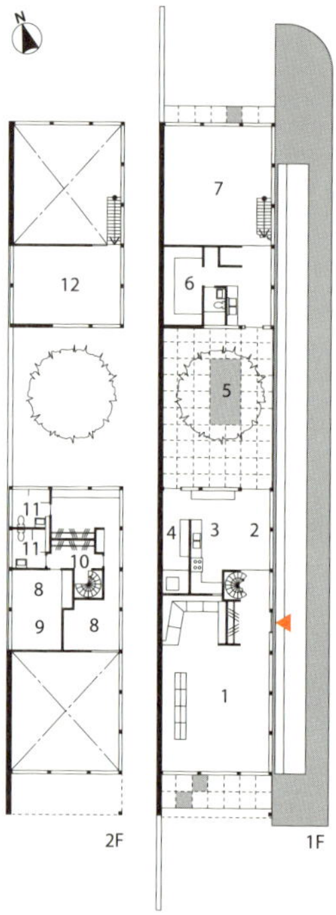

Data
소재지: 로스앤젤레스
(미국)
층 수: 지상 2층

1. 리빙
2. 다이닝
3. 키친
4. 유틸리티 룸
5. 중정
6. 암실
7. 아틀리에
8. 침실
9. 드레스 룸
10. 홀
11. 욕실
12. 저장 데크

거기에는 수수께끼 같은 진리란 존재하지 않는 것이다. 유리창 너머로 내부를 들여다보면 마치 얼마 전까지 임스 부부가 살았던 것처럼, 가구나 소품까지 그대로 보존되어 있다. 그래, 〈그 영상〉 그대로. 다른 점은 그 물건들의 채도 정도이다. 자외선의 영향으로 서서히 퇴색했을 것이다. 그래도 부부의 생활을 마치 『동결보존』해 놓듯이, 저택을 물려받은 가족은 10년마다 도장을 다시 하면서 이곳에 살지 않고 이 상태를 유지해 왔다고 한다.

상상 속에서 채도를 복원하면서, 지난날의 생활을 상상해 보면 거기에 금욕적이며 엄격한 어려움은 존재하지 않고, 전 세계에서 모은 좋아하는 물건들에 둘러싸여, 느긋하게 하루하루를 즐기는 가족의 모습이 떠오른다. 그것은 그날 산타모니카에 불었던 상쾌한 바닷바람과 함께 기억에 남아있다. 분명 「생활을 긍정적으로 즐기자」라는 부부의 삶의 방식 자체가 그날 도쿄에 있는 미술관에 있던 각양각색의 사람들을 빨아들이고 있었음이 틀림없다.

Charles Eames/Ray Eames

찰스 임스/레이 임스

Charles/1907.6.17-1978.8.21, Ray/1912.12.15-1988.8.21

Works
플라이우드 체어
(가구/1945)
엔텐자 저택
(주택/로스앤젤레스, 1949)
라운지 체어
(가구/1956)
파워즈 오브 텐
(영상 작품/1977)

『캘리포니아 아트&아키텍처』는 당시 주류의 주택 스타일을 소개하는 잡지였다. 1938년, 편집자 존 엔텐자가 인수하고 나서는, 「아트&아키텍처」로 이름을 바꾸었고, 모던을 주제로 큰 방향을 잡았다. 그 잡지에서 발표된 프로그램 「케이스 스터디 하우스」의 기획은, 제2차 세계대전 종결 직전에 선언되었다. 전쟁으로 건설 수요가 극도로 침체된 시기였기 때문에, 그들은 새로운 주택이란 무엇인가? 에 대해서 밝히기를 원한다고 말했다. 설계 단계부터 잡지에 계획으로 소개되었고, 준공 후에는 가구까지 세팅된 상태에서 입주 전에 6주나 되는 긴 오픈 하우스 기간을 가졌다. (첫 6채를 선보일 때는 무려 37만 명이 방문했다고 한다.)

「케이스 스터디 하우스」 프로그램에서는 잡지에 완성 작품 광고를 게재하는 것을 조건으로 해서 건축 메이커가 그 자재를 원조해 주었다. 그 주택들은 새 건축 재료를 위한 광고탑이기도 했다. 또 이 프로그램에는 일반 대중이 구할 수 있는 가격으로 주택을 짓는다는 목적도 있었다. 하지만 설계의 프리패브 화와 그에 따른 비용 절감에 대해서는 당시 일반적인 주택과 비교한다면, 효과는 한정적이었다. 철골조가 적극적으로 사용되는 등, 건축의 구성 방법상 저가격화가 어렵더라도 목표로 해야 할 디자인으로 채택되는 예도 있었다. 그 자세는 「#3」의 설계자인 와스터[※1]의 「합판은 그다지 싸지 않지만 싸 보이기 때문에 우리는 좋아한다.」라는 말로 상징되고 있다. 그런 점에서 「#8」의 임스 저택은 카탈로그에서 고른 부재만으로 완성되었다는 의미에서 비용에 대해 진지하게 임한다는 예라고 말할 수 있을 것이다. 그중에는 계획을 멈춘 주택도 있고, 새로운 표준이 되기 위해서는 지나치게 특이해서 일반화되었다고는 말하기 어려운 주택도 있다. 하지만 이 프로그램이 20년에 걸쳐서 계속됨에 따라 양질의 모더니즘 공간의 이미지가 미디어를 타고 계속 침투했다. 그리고 그 영향은 현대에도 계속되고 있다.

Profile 미국 출신의 건축가, 가구 디자이너. 그래픽, 텍스타일, 전시, 영상 등 다양한 분야의 디자인을 했다. 베니어합판, 플라스틱, 금속과 같은 공업재를 이용해서 프로덕트 디자인에 큰 영향을 준 작품을 남겼다.

※1 윌리엄 윌슨 와스터. 캘리포니아의 주택 설계에서 저명한 건축가.

Glass House

인생의 관람실

유리 집

설계: **필립 존슨**

준공: 1949년

동측 외관. 건물에 대한 비스듬한 접근은 아크로폴리스 신전(그리스)에서 착상해서 만들었다. 건물의 사방은 유리로 둘러싸여 있고, 주위의 자연에 대하여 열려있다.

이렇게 유리로 된 건축물에 쾌적하게 살 수 있을 리가 없다, 내가 처음 이 집을 사진으로 봤을 때 느낀 소감이다. 배수구를 넣은 벽돌 실린더는 있지만, 완전히 주위에 개방된 유리로 된 공간. 그것은 마치 공원에 세워진 정자 같았다.

전면이 유리로 된 주택에 「살기 위한」 조건에 대해서 잠깐 생각해 보면, 생활하는 모습이 완전히 보이지 않도록 커튼이나 미닫이 등으로 가릴 수 있을 것, 혹은 자신의 삶이 다른 이들의 눈길에 노출되는 것에 대해 무관심한 마인드를 가지는 것……. 이라고 보통은 상상하겠지만, 이 「유리 집」에 대해서 생각해 볼 때, 앞서 말한 상상은 전혀 들어맞지 않는다.

이 광활한 자연을 품은 공원 같은 곳이 공공적인 장소가 아니기 때문이다. 필립 존슨은 학생 시절에 아버지에게 유산으로 물려받은 주식이 급등한 덕에 젊은 나이에 이미 대부호가 되었다. 19헥타르에 달하는 광대한 장소는 그만의 사유지이다. 그러므로 주변 주택이나 도로에서 통유리로 된 집 안을 볼 수 없다. 그의 생활 방식은, 밤에는 맞은편에 만든 「브릭 하우스」-「유리 집」과는 정반대로 창문이 거의 없고, 천창 등에서 채광되고 있는 수수께끼 같은 건축- 에서 잠에 든다고 한다.

욕실을 칸막이로 구분하는 원통형 벽 이외에는 칸막이가 설치되어 있지 않다. 가구와 카펫을 능숙하게 사용하여 공간을 구분하고 있다.

때문에 이 유리 집은 절실한 삶의 터전이라기보다는, 마치 파빌리온처럼 자리잡고 있는 것이다.

설계 당시 염두에 둔 것은 미스의 명작, 판스워스 저택[118쪽]이었다. 무려 6년 동안 지어진 판스워스 저택. 준공 시기는 이 유리 집이 더 빠르지만, 시그램 빌딩[※1] 일로 미스와 협동하던 존슨은 그 도면을 보고 있었다. 이 주택에 놓여 있는 가구가 미스가 디자인한 것이라는 점도, 판스워스 저택을 과시하지 않고 답습하려고 했음을 시사하고 있다. 그러나 마치 신전처럼 유리 집을 만든 미스의 건축에 비해 이 주택에는 각오 같은 것이 느껴지지 않는다. 어딘가 「유리로 된 집도 만들어 보았다」라고 말할 정도의 달관한 시점이 느껴진다.

평생의 파트너였던 큐레이터, 데이비드 휘트니와 함께 존슨은 자신의 거대한 부지 안에 수십 채의 건축물을 계속 지어 놓았다. 그 작풍은 포스트모더니즘적 조형의 조합이나, 고대 신전을 절반 크기로 재현한 것 등, 보다 예술 작품에 접근한 것까지 다양한 종류를 가지고 있다.

※1 미스와 존슨의 공동 설계 때문에 미국 뉴욕주에 건설된 초고층 건축. 1958년 준공. 스틸과 유리의 커튼월로 덮인 디자인이 특징이다. [125쪽]

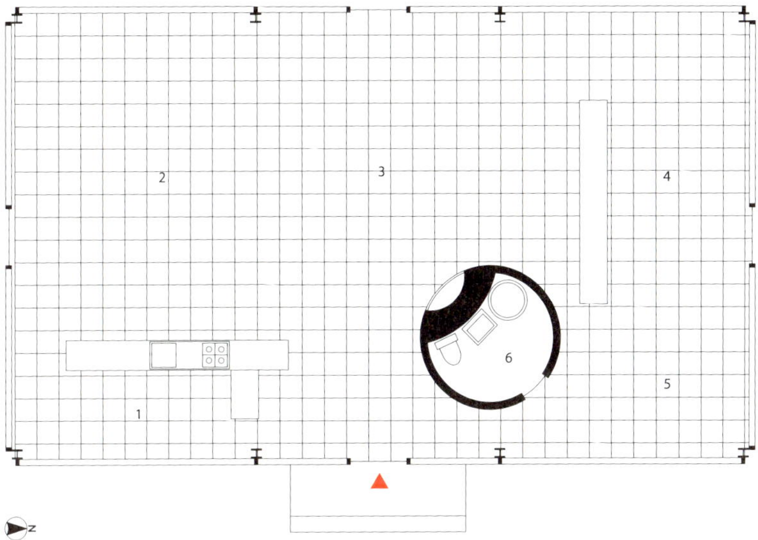

Data
소재지: 코네티컷
(미국)
층 수: 지상 1층

1. 키친
2. 다이닝
3. 리빙
4. 침실
5. 서재

존슨은 자택에 대해서 「자신의 건축 기법이 변화하는 모습을 기록한 시각적 일기」라고 말했다.

존슨은 초기에 대학에서 철학을 공부했지만, 미스와 만난 후 건축이나 아트에 눈을 뜨게 되었고, 뉴욕 현대 미술관(MOMA)의 큐레이터가 되어 근대 건축전을 개최했다(그 후, 35세에 대학원에 진학하여 건축을 배웠다). 그러므로 그 건축 설계의 스탠스에는 언제나 큐레이터적인 「감정(鑑定)」으로서의 입지가 있었던 게 아닐까 싶다.

수많은 자저 건축군의 하나로 만들어진 이 집은, 미스풍의 스타일을 마치 스스로 수집하듯이 만들어졌다.

만년까지 존재감을 드러내고, 98세까지 건축계에 군림했던 존슨. 그 최후의 날들은 「브릭 하우스」에서가 아니라 이 유리 집의 침실에서 보냈다고 한다. 그곳은 분명 자신이 걸어온 발자국을 바라보는 관람실이었을 것이다.

로스코 채플 (1971년 준공, 미국) 내부

로스코 채플 외관

1950s

Chapter 4

Farnsworth House / Mies van der Rohe

[판스워스 저택 / 미스 반 데어 로에]

Canoas House / Oscar Niemeyer

[카노아스 하우스 / 오스카르 니에메예르]

Sarabhai House / Le Corbusier

[사라바이 저택 / 르코르뷔지에]

Maison Louis Carre / Alvar Aalto

[까레 저택 / 알바 알토]

Farnsworth House

그 아름다움은

판스워스 저택

설계: 미스 반 데어 로에

준공: 1950년

북측에서 건물을 바라보다. 동일한 평면 형상의 바닥 슬래브와 지붕 슬래브이지만, 8개의 H형 강철 위에 올려지는 것이 아니라, 기둥에 옆으로 붙여져 끼이는 형태로 떠받치고 있다.

미시간 호수[※1]에서 불어오는 바람은 차갑고, 시카고의 가을은 빠르게 깊어 간다. 그로부터 75㎞ 정도 떨어진 교외에 있는 프라노라는 거리에 판스워스 저택이 있다.

건축가 미스 반 데어 로에가 1951년에 완성한 이 건축은 상류층 출신 여성 의사, 에디스 판스워스의 별장으로 지어졌다. 미스는 독일에서 수많은 모던 디자인을 탄생시킨 바우하우스[55쪽 · ※1]의 교장을 맡고 있었는데, 근대 건축을 눈엣가시로 여긴 나치에게 쫓겨 미국으로 건너가게 되었다. 그 후, 일리노이 공과대학에서 교편을 잡게 되었고, 대학의 시설 설계를 다루고 있었다. 이 주택은 미스가 대학 밖에서 일한 최초의 프로젝트이다. 3.9헥타르나 되는 광대한 부지를 본 뒤, 사무소에 돌아가서 곧바로 시공주의 앞에서 수채 스케치를 그렸다. 그 스케치는 대부분 준공 당시 상태와 비슷했다고 한다.

이 건축은 부지 근처를 흐르는 강의 범람에 대비하여 8개의 H형 강철로 지면에서 1.6m 정도 들어 올려져 있다. 또한, 건물의 양 끝이 한쪽으로 기둥에서 돌출되어 있으므로, 건물 전체가 마치 공중에 떠 있는 듯한 느낌을 준다. 플랜 중앙 부근에는 욕실과 화장실, 기계실 등을 집약한 핵심 공간이 있으며, 네 방향이 유리로 덮여 있다.

※1 세계에서 다섯 번째로 큰 면적의 담수호. 북미 5대 호수 중 하나.

원룸을 독립시킨 핵심 공간이 자연스럽게 칸막이로 마무리 되었다. 이밖에 고정된 벽은 없다. 한없이 얇은 철제 방립이 대개구용 유리를 끼우고 있다.

현관 파우치 앞에 있는 테라스는 내부 공간과 규모가 같다. 높은 바닥으로 만들어진 현관과 지반면과의 높낮이 차를 연결하는 기능뿐만 아니라, 단순한 박스인 건축과 지면 사이에 위치를 벗어난 또 한 장의 바닥을 추가함으로써, 〈움직임〉과 중간 영역을 확장하는 역할을 이 테라스가 맡고 있다.

현관 파우치에 다다르면, 현관문이 이 건축의 중앙에서 조금 어긋난 것을 깨닫게 된다. 사실 이 주택의 내부 배치는 그리드를 엄밀하게 따르고 있지 않다. 필요한 공간에 맞게 배치가 정해져 있으며, 현관문도 식당 공간을 더욱 넓게 이용할 수 있도록 비켜서 배치되었다. 미스의 유럽에서의 출세작 「바르셀로나 파빌리온[58쪽]」도 사실 그리드에는 맞지 않는다. 기하학을 바탕으로 하면서도, 그만큼 의존하지 않는 유연한 설계에서 합리성을 추구하던 그의 태도를 이해할 수 있다.

내부에 발을 들이면, 미스의 가구로 치밀하게 구성된 인테리어가 눈에 들어온다. 밖에는 넓은 부지의 나무들이 펼쳐져 있다. 아름다운 광경이다. 하지만, 잠시 내부에 있다 보면, 두께 약 6mm의 유리로 가로막힌 풍부한 자연이 바로 거기에 있는 것 같으

건물 서쪽에서 테라스를 바라보다. 모든 바닥을 트레버틴[※2]
으로 마감함으로써, 내부와 외부의 연속성을 유지하고 있다.

면서도, 상당히 멀리 있는 것처럼 느껴지기도 한다. 이때 나는 유리의 본성을 처음 느껴 봤을지도 모른다. 무의식중에 환기가 되는 창을 찾아보았다. 간신히 현관 대각선에 있는 작은 창을 찾았는데, 그 존재 자체를 부정하는 듯 너무나도 작았다. 열리는 창을 만들려고 하면, 아무리 해도 창호 틀이 나타나서 〈선〉적인 요소가 더해지기 마련이다. 미스는 건축의 순수성을 담보로 하기 위해서 이차적인 〈선〉을 배제했을 것으로 생각한다.

현관문과 작은 창을 열고, 환기 팬의 스위치를 켜면, 신선한 공기가 들어온다—라는 예상 범위에서 설계되어 있기 마련인데, 오히려 내가 창에서 느낀 것은 밀폐된 공간의 답답함이었다. 그리고 그것과 서로 교환하듯 존재하는 것이 외부 자연을 거두어들이는 광경의 아름다움이었다.

준공 당시, 이 명작 주택은 최고의 찬사를 받았지만, 시공주와의 재판을 일으키게 만들기도 했다. 거듭되는 공사 기간 연장(실제로 준공까지 6년도 넘는 세월을 소비했다)이나, 예산을 대폭 초과한 공사비, 준공 후의 누수 등이 그 쟁점이 되었지만, 한때

※2 용천과 지하수의 탄산칼슘이 침전되어 생기는 대리석의 일종. 치밀한 줄무늬 구조를 지녔다.

저자가 스케치한 건물 남측의 외관

친밀했다고 하는 미스와 에디스의 개인적인 관계가 결렬된 것도 소송의 계기가 된 것 같다. 에디스는 미스의 가구를 놓는 것을 거부했고, 개방적인 디자인에 어울리지 않는 방충망을 설치하였다. 세 차례에 걸친 마루 위 침수를 겪으면서도, 다리 건설의 여파로 부지의 일부 매각을 강요당할 때까지 결국 17년간 이 주택에 계속해서 살았다.

궁극의 순수함을 추구한 건축가의 의도는 현장에서의 치밀한 수작업해야 하는 공예품과 같은 디테일에 힘입어 실현되었다. 미스는 친밀한 관계였던 에디스의 주택을 어쩌면 〈함께하기 위한 주거지〉로써 구상했는지도 모른다. 준공이 조금 더 빨리 진행되고, 두 사람의 관계가 결렬되지 않았다면, 소송까지는 가지 않지 않았을까……? 라고 생각해 본다.

미스는 분명 자신이 살 수 있는, 더욱 파고들자면 자신을 위해서 「근대를 상징하는 신전」으로써 이 주택을 만들었음이 틀림없다. 그 후의 작품에는 거의 등장하지 않는 「흰색」으로 이 주택의 철골을 칠한 것도 확실한 증거처럼 생각된다.

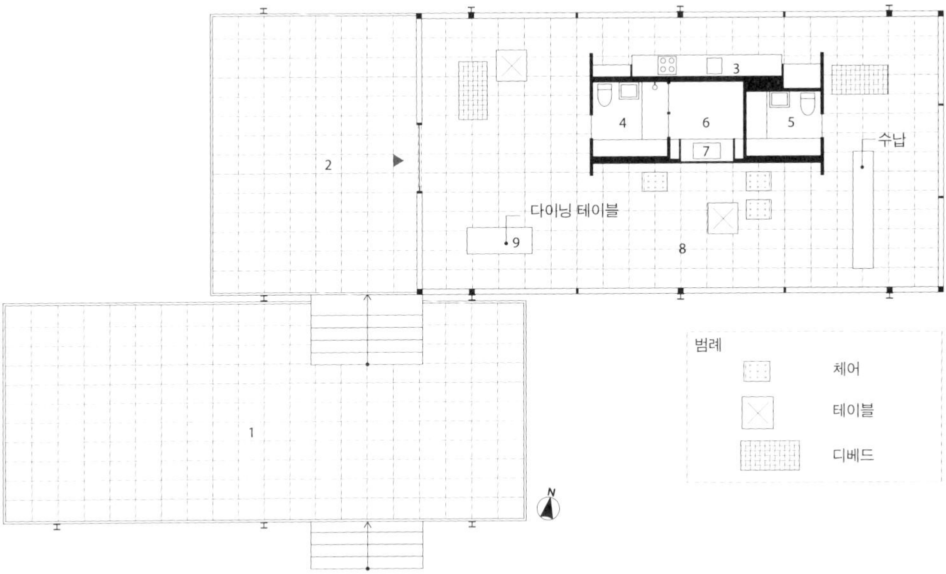

1. 테라스
2. 현관 파우치
3. 키친
4. 샤워 룸
5. 욕실
6. 보일러 실
7. 난로
8. 리빙
9. 다이닝

Data
소재지: 일리노이주 프라노
(미국)
층 수: 지상 1층

Mies van der Rohe

미스 반 데어 로에

1886.3.27-1969.8.17

Works
바르셀로나 파빌리온
(바르셀로나, 1929)
투겐트하트 저택
(브르노, 1930)
레이크쇼어 드라이브 아파트먼트 (시카고, 1951)
시그램 빌딩
(뉴욕, 1958)

1929년 바르셀로나 만국 박람회에서 독일관으로 건설된 바르셀로나 파빌리온[58쪽](박람회 기간 후 한 번은 해체되지만, 1986년 같은 장소에 복원되었다).

미스는 그 설계를 급히 의뢰받아 수많은 채석장을 방문했고, 겨우 한 가지 공간을 상징적으로 구성할 만한 품질의 오닉스(호마노)를 발견했다. 그리고 우연히 발견한 이 돌의 치수의 두 배(돌을 얇게 썰어 선대칭으로 전개하여 사용한다)가 되도록 천장 높이를 정했다고 한다. 건축의 중요 치수를 이 돌이 정하고 있다는 점에서 실무자로서 미스의 고집이 드러난다.

한편, 판스워스 저택의 기준이 되는 그리드는 바닥에 깔린 이탈리아산 트레버틴[121쪽 · ※2] 대리석의 치수에 맞추어 정해졌다. 미스는 도착한 석재를 1장씩 상 · 중 · 하 등급으로 구분했다. 「상」은 입구 부근 눈에 띄는 곳에, 「중」은 뒤쪽에, 「하」는 코어(핵심 공간)의 안쪽에 붙이도록 지시하였다. 엄밀한 기하학에 따라 만들어졌으며, 소재를 최대한 살리기 위해 「소재」와 마주하며 설계도에 반영시켜 나갔다. 반입된 재료의 취급에 대해서도 신경을 곤두세웠다. 설계도를 그리는 것에서 끝나지 않고, 시공 과정에도 간섭하는 등, 건축의 질을 높이겠다는 미스의 의지가 관철된다. 합리성을 바탕으로 구성되는 공간과 그것을 실현하기 위해서 추구되는 디테일의 세련됨. 그 두 가지가 미스의 공간의 질을 지탱하고 있음을 재인식하면, 그 유명한 『신은 디테일에 깃든다』라는 말[※1]이 더욱 깊이 있게 들려온다.

마지막으로, 만년의 미스가 말했다는 석공이었던 그의 아버지와 형의 대화를 소개한다.

형: “그 장식은 그렇게 공들여서 하지 않아도 되잖아요? 어차피 보이지도 않는데.”
아버지: “그런 말을 하다니, 너는 이제 석공도 아무것도 아니다. 쾰른 대성당[※2]의 첨탑을 보지 않았느냐? 거기까지 올라가 보는 사람은 없을 거다. 하지만, 그것은 신을 위해 만들어진 것이다.”

Profile 독일 출신의 건축가, 가구 디자이너. 근대 건축의 기초를 닦은 선구적 건축가. 철이나 유리 등의 공업 제품을 사용했으며, 일체의 장식을 배제한 균질적인 건축이 특징이다. 내부 공간의 용도를 한정하지 않고, 자유롭게 사용할 수 있도록 함으로써 시간의 흐름에 적응하는 「유니버설 스페이스」라는 건축 이념을 주장했다.

※1 「세세한 부분까지 신경 쓰면 전체적으로 완성도가 높아진다」라는 뜻으로 쓰는 표어. 미스가 발언자라는 설도 있지만, 명확한 기원에 대해서는 모른다. ※2 쾰른(독일)에 있는 세계 유산 대성당.

저자에 의한 미스 작품의 스케치

상단: 시그램 빌딩 외관 (1958년 준공, 미국). 필립 존슨과의 공동 설계.
오른쪽: 신 내셔널 갤러리 (1968년 준공, 독일) 철골 디테일.
하단: 신 내셔널 갤러리의 중정.

Canoas House

자연과 대화하는 곡선

카노아스 하우스

설계: 오스카르 니에메예르

준공: 1954년

수영장에서 건물 전경을 바라보다. 건물의 높이는 낮게 억제되어 있으며, 지붕이 부드러운 곡선을 그리며 그 위에 놓여 있다.

만약 건축이 이성만의 산물이라면, 건축가 오스카 니마이어가 만드는 공간은 건축의 영역에서 벗어난 것일지도 모른다. 그러나 그의 건축은 말이 많은 건축의 즐거움을 느껴보라는 듯 느긋하고 대범하게 말을 걸어온다. 마치 「그런 잔소리 그만두고, 건축에 몸을 맡겨 보렴!」이라고 말하는 듯하다. 젊은 시절 니에메예르는 리우데자네이루의 루시우 코스타와 카를로스 레안의 사무소에서 근무했고, 구 교육 보건성 청사의 설계와 관련되어 있다. 이때 설계 고문으로 초빙된 르코르뷔지에를 만났다. 제2차 세계대전 후 르코르뷔지에 등과 함께 미국 뉴욕의 국제 연합 본부 빌딩을 디자인하게 된다. 그 후, 공모전을 거쳐 선발된 루시우 코스타의 종합 감수 아래에서 브라질의 새로운 수도, 브라질리아의 대통령 관저, 국민 회의 의사당과 외무성, 대성당 등 주요 건축물의 설계를 다루었다. 이 작품들에서는 니에메예르가 말하는 바의 「자유로운 곡선」이 사용되어 있으며, 1987년에는 근대 도시 최초로 세계 유산에 등록되었다. 그런 니에메예르가 이 저택을 지은 것은 1954년의 일이다. UN의 일에 종사하고 있을 무렵의 일이다.

언뜻 보면 단층집처럼 보이는 이 주택은, 수영장과 거실이 있는 상부층 아래로 한층

다이닝에서 키친 방향을 바라보다. 둥근 테이블 위에 설치된
목제 벽 뒤에 주방이 설치되어 있다.

더, 경사를 이용하여 만들어진 층이 있다. 여기에 침실과 거실 등이 배치되어 있다. 반쯤 비탈이 박힌 아래층은 땅을 파내듯 만들어진 아늑한 공간이다. 상부에는 철골 기둥과 R벽에 의지한 곡선 지붕이 가볍게 떠다닌다. 여기에서 만년까지 전개된 콘크리트의 특성을 살린 수법의 싹을 읽을 수 있다. 근대 건축의 합리적 정신만으로는 묶이지 않는 「자유로운 곡선」은, 경력 초기부터 일관된 것이다. 니마이어는 무성한 녹색의 자태에 담긴 자유로운 곡면들을 다음과 같이 말하고 있다.

"인간이 만드는 직각이나 직선 등, 딱딱하고 유연성이 없는 것에는 마음이 끌리지 않습니다. 저는 자유롭게 흐르는 관능적인 곡선에 매료됩니다. 조국의 산들, 구불거리며 흐르는 하천, 바다의 파도, 사랑하는 여성의 신체 곡선입니다."

집 안팎으로 여러 채 배치된 여성을 모티브로 한 조각들은, 그의 세계관을 보완하고 있는 듯하다.

1964년에 일어난 군사 쿠데타 때문에 정치적인 이유로 브라질에서 활동할 수 없게 된 니마이어는 프랑스로 이주한다.

Data
소재지: 리우데자네이루
(브라질)
층 수: 지하 1층, 지상 1층

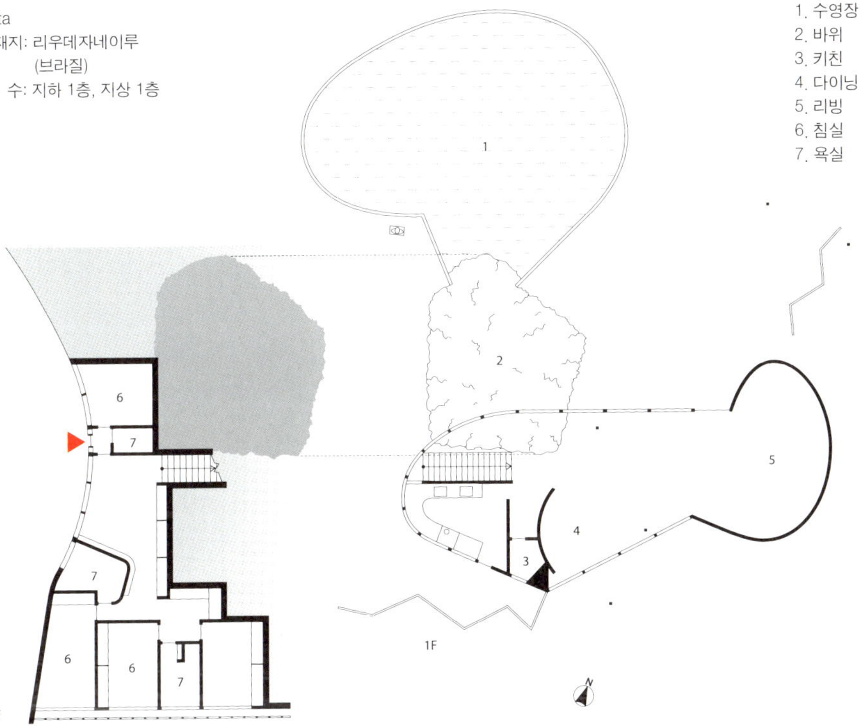

유럽에서는 프랑스 공산당 본부 등의 작품을 만들며 활약하는데, 모국의 정권이 바뀌어 마침내 1985년에 귀국할 수 있었다. 그 이후, 104세로 사망할 때까지 이곳에 계속 살았다.

니마이어는 만년에 건축가 알바루 시자 비에이라[※3]와의 대담에서 이런 말을 남겼다. 그의 말에는 인생을 즐기며 누리기 위해 그가 필요하다고 생각해왔던 점과 건축이 사람에게 묻는 것의 의미가 담겨 있는 것처럼 느껴진다.

"저는 건축은 일종의 놀라움을 불러와야 한다고 생각합니다. 예술 작품처럼 말이지요. 예술은 감정이나 놀라움을 창조할 때 비로소 자신의 존재를 표현할 수 있습니다. 그렇지 않습니까?"

※3 (1933~). 포르투갈 출신의 건축가. 직선을 기조로 한 근대적 형태와 채광창이나 윤곽이 뚜렷하고 깊은 작은 연속 창 등, 기후나 지역성을 반영한 형태를 융합한 건축이 특징이다.

Sarabhai House

〈불필요한 부분을 잘라낼 수〉 있다면

사라바이 저택

설계: 르코르뷔지에

준공: 1955년

남측 외관. 건물 전면에 큰 수영장을 배치함으로써 온도가 낮은 바람을 실내로 옮겨 실내 환경을 컨트롤하고 있다.

건축에는 그 자리에 앉아 보지 않으면 모르는 면이 있다. 이 사라바이 저택은 그중에서도 차이가 큰 주택이었다. 이 주택을 방문했을 때의 인상은 시간이 지나도 색이 바래지 않고 계속 뇌리에 남아있다.

부지의 끝에서 사라바이 저택까지의 여정은 꽤 먼 거리였고, 접근 방식이 마치 공원 안을 걷는 듯한 광경이었다. 당시의 아마다바드[※1]는 면직물을 중심으로 한 섬유업으로 활발한 경제 활동이 이루어지고 있었으며, 사라바이가는 그런 섬유 업계의 총괄 역을 맡고 있던 오랜 가문이었다. 마찬가지로 르코르뷔지에가 설립한 섬유업 회관[※2]도 그 흐름 속에서 실현된 것이다.

르코르뷔지에는 「사보아 저택」[60쪽]에서도 언급했듯이 〈근대 건축의 5원칙〉을 세우고, 건축의 근대화를 선전하면서 전통을 존중하는 보자르 적인 것과 싸우고 있던 건축가이다. 「사보아 저택」에서는 그것을 순화시키면서 기념비적인 모더니즘 주택을 만들었다. 그 5원칙의 가치를 강하게 표출시키기 위해서 〈잘라낸 것〉이 있다면, 그것이 만년의 작품에 넘쳐흐르고 있는 것처럼 느껴진다.

당시 르코르뷔지에는 이 땅에 두 채의 주택을 설계했다. 사라바이 저택과 쇼단 저택이다.

※1 인도 서부, 구자랏주의 주요 도시, 아마다바드.
※2 아마다바드의 주요 산업이었던 섬유 직물 산업 협회의 집회 장소. 섬유 직물 협회는 르코르뷔지에의 후원자이기도 했다.

저자에 의한 리빙룸 스케치. 회전문(스케치 왼쪽)에 의해 방이 연속적으로 이어져 간다.

이 두 채는 사실 같은 시기에 설계되었다고는 생각되지 않을 정도로 설계 기법이 다르다. 쇼단 저택은 건축적인 프롬나드가 초기 작품보다 더욱 자유로워졌고, 슬로프나 개구부 등의 디자인 요소도 재미있다. 외관상으로도 내부의 복잡한 구성이 엿보이는 주택이다. 반면, 사라바이 저택은 마치 주위의 녹음에 묻힌 듯한 모습이다. 과부였던 사라바이 부인은 당시 대학생이던 두 아들을 위해 「『대지에 밀착하여 나무숲으로 둘러싸인 해방된 집, 절로 평화가 깃드는 집』이 필요했다」라고 르코르뷔지에는 말했다.

현관에서 내부로 들어가면, 그곳이 벽돌로 이루어진 카탈랑풍 볼트[※3]의 아래임을 알 수 있다. 외관에서는 이 아치가 보이지 않기 때문에, 안팎으로 공간의 인상이 크게 달라진다.

3m 이상의 피치로 연속되는 볼트 지붕은 자동 살수식 잔디가 우거진 옥상을 지탱하고 있으며, 그 아치는 바람의 흐름을 받아들이도록 열려있다. 그리고 개구부의 끝에는 넘칠 듯 물이 가득한 연못이 있다. 옥상의 잔디와 살수를 이용하여 햇볕

※ 3볼트란, 아치를 평행하게 밀어낸 가마보코(생선의 살을 갈아 소금, 갈분, 미림(味淋) 등을 섞고 나무판에 올려 쪄 익힌 일본식 음식. 어묵) 형 천장식 및 건축 구조. 사라바이 저택에서는 카탈루냐 지방(스페인)산 얇은 벽돌로 된 완만한 커브 볼트(카탈루냐 보르도)가 이용되었다.

Data
소재지: 아마다바드
(인도)
층 수: 지상 2층

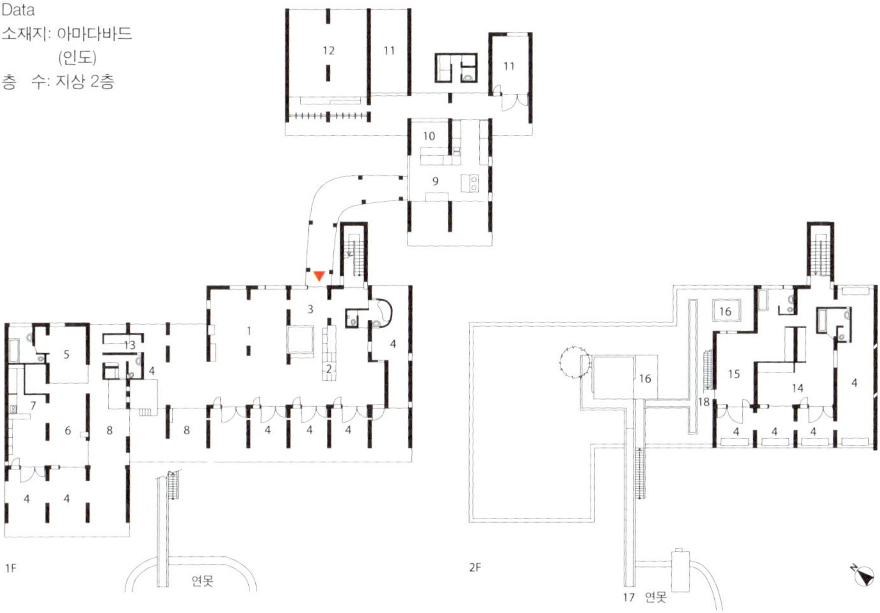

1. 리빙 · 다이닝
2. 도서실 · 스튜디오
3. 작은 오피스
4. 베란다
5. 침실
6. 스튜디오
7. 키친
8. 파우치
9. 조리장
10. 팬트리
11. 도우미실
12. 차고
13. 관리인실
14. 부인의 침실
15. 자식의 침실
16. 오픈 테라스
17. 미끄럼대
18. 지붕으로 올라가는 계단

을 쬐게 하고, 연못 위를 통과함으로써 차가워진 바람을 실내로 유도하기 위해서이다. 이 주택을 방문한 것은 3월 초순의 일이었지만, 낮의 더위는 35도 이상이었으며 햇빛도 강렬했다. 그런데 실내에 발을 들여놓는 순간, 아찔한 공기에 휩싸였다. 에어컨에 의존하지 않고 편안함을 주기 위한 구조라고 할 수 있었다.

공간은 큰 축 회전문이 칸막이가 되어 바깥 경계선이 연속적으로 연결되어 있고, 작은 스팬의 볼트와 어울려 친밀도 높은 인간적인 스케일을 만들어 내고 있었다. 그 위에 자유롭게 배치된 내력벽이 놀랄 만큼 공간을 리드미컬하게 이어간다. 볼트는 강렬한 방향성을 자아내기 때문에 자칫하면 단조로운 공간의 연속이 될 위험을 안게 된다. 그러나 여기서 느낀 공간 체험은 생활에 기대면서 치밀하게 고안된 벽의 구성만으로 얼마나 풍요로운 장소를 창출하는 것이 가능한지 알려준다.

만년의 거장이 인도의 기후와 마주하면서 만들어 낸 이 주택은, 〈잘라낸 것〉의 가능성을 가족의 평화로운 거처를 창조함으로써 시사하는 것처럼 보인다.

Maison Louis Carré

건축의 여백

까레 저택

설계: **알바 알토**

준공: 1959년

동측 외관. 완만한 경사 지붕이 주위의 랜드스케이프와 일체화되어 있다. 지금은 나무들로 둘러싸여 있지만, 옛날에는 서쪽으로 크게 시야가 트여있었다.

건축에는 혹독한 기후 조건으로부터 생활을 지키기 위한 보호자의 역할이 요구된다. 알토의 건축을 접하게 되면 보다 절실하게 그것을 느끼고 건축의 기능성을 높이려는 방법들이 다양한 디자인 요소로 이어지고 있음을 알게 된다.

알토 설계의 「브크세니스카 교회」[89쪽]을 방문했을 때도 같은 것을 느꼈다. 외관은 투박하다고 할 수 있는 창문만이 눈에 띌 뿐이지만, 내부로 들어가면 밝은 창문이 자유롭게 디자인되어 놀라움을 금치 못한다. 이 창문은 사실 이중 새시로 되어있으며, 외부 창문과 내부 창문 사이에 공간이 넉넉하다. 한랭지이기 때문에 더욱 단열을 위한 공기층을 취하고 있다. 그러므로 내부 창문은 빗물이 들어오는 것을 견딜 필요가 없다. 그렇기에 가능해진 디자인이었다.

기후와의 대화를 디자인으로 승화하는 가운데 도달한 형태. 외부와 내부 사이에 필요한 여백(거리)이 낳는 자유로운 디자인. 북유럽보다 온난한 파리 교외에 있는 「까레 저택」에도 중요한 디자인 기법으로 답습되고 있다.

외관에서 강하게 인상에 남는 것은, 경사진 부지와 호응하는 날렵하게 한쪽으로 기운 지붕. 그 라인은 흰 외벽과 하늘을 날카롭게 구분한다. 그러나 건물에 가까워질수록 평면

리빙룸을 바라보다. 알토의 손에 의해 디자인된 다양한 조명 기구가 곳곳에 놓여 있다.

상의 요철에 따라 지붕 라인은 변화를 보인다. 현관문을 통해 안으로 들어가면 그 너머로 풍성한 갤러리가 기다리고 있다. 가장 높은 부분의 천장 높이가 5m나 되는 이 공간은 소나무 판으로 곡면 천장을 만들었다. 샤프한 지붕의 외관을 생각하면, 상상할 수 없는 역동적인 공간이다. 이것 역시 지붕에서 천장 사이에 약간의 여백을 둠으로써 실현된 디자인이다. 이 천장을 시공하려고 일부러 핀란드에서 목수를 부른 것만 봐도 이 공간에 걸린 마음의 강도를 엿볼 수 있다.

마이레아 저택[82쪽]에서 20년 후에 설계된 이 주택의 의뢰는 파리의 유력한 그림을 파는 사람으로부터였다. 신진기에 아티스트들과 평생 친구 관계에 있었던 알토. 공통의 지인인 아티스트를 통해 클라이언트를 만나는 곳이나 아트를 생활공간과 융합한다는 점은 마이레아 저택과 공통된다. 하지만 그것이 서로 같다는 말은 아니다. 마이레아 저택에서는 넓은 생활공간에 점재시키는 듯한 아트와의 공존이 인상적이지만, 이 갤러리는 아트 작품만을 위한 공간이 거실과 비슷한 규모를 자랑한다.

1. 엔트런스
2. 갤러리
3. 리빙
4. 다이닝
5. 주 침실
6. 사우나
7. 아이들 방
8. 도서실
9. 키친
10. 도우미실

Data
소재지: 바조슈 (프랑스)
층 수: 지상 2층

갤러리를 보다 공적인 성격의 장소이자, 사람과 사람이 잘 어울릴 수 있는 장소로 여겼다. 거주자의 동선도 반드시 갤러리를 경유하게 되어있어 다이닝룸을 갈 때도, 침실을 갈 때도, 이 공간을 지나치게 되어있다. 리빙룸은 갤러리에서 일곱 계단을 내려가면 도착한다. 두 개의 공간은 연속되어 있고, "계단을 내려가는" 행위가 용도를 구분하고 있다. 내부 공간 중 인상에 남은 것은, 마이레아 저택에 있는 숲의 은유 같은 요소는 자취를 감추는 대신, 아름다운 프로포션으로 여러 부분이 조합되어 있는 것. 그것은 공간을 보다 세련되게 보여준다. 그 공간에 색채와 유머를 더하는 것이 알토가 디자인한 조명기구이다.

이 집의 완성 파티에는 무려 359명의 게스트가 방문하였고, 장 콕토[※1]나 알베르토 자코메티[※2], 르코르뷔지에 등도 참석했다. 많은 사람을 맞이한 건축 공간. 그 공간을 실현한 건축의 내막. 〈여백〉이 가져다준 풍요로움에 대하여 생각하고 싶어지는 주택이기도 하다.

※1 장 콕토(1889~1963). 프랑스 출신의 시인, 극작가. 회화나 영화감독 등, 다양한 예술 작품을 다루었다. 대표작으로 「로미오와 줄리엣」이 있다. ※2 알베르토 자코메티(1901~1966). 스위스 출신의 조각가. 선처럼 길게 늘인 신체 조형이 특징이다.

페터 베렌스 설계, 헥스트 염료공장 (1925년 준공, 독일) 내부 스케치

1960s

Chapter 5

Esherick House / Louis Kahn

[에셔릭 저택 / 루이스 칸]

Casa Veritti / Calro Scarpa

[베리티 저택 / 카를로 스카르파]

Vanna Venturi House / Robert Venturi

[엄마의 집 / 로버트 벤츄리]

Gwathmey House / Charles Gwathmey

[과스미 저택 겸 아틀리에 / 찰스 과스미]

Esherick House

건축의 선물

에셔릭 저택

설계: **루이스 칸**

준공: 1961년

북측(도로 쪽)에서 건물을 바라보다. 2층 바닥과 지붕은 목조로 하여 두께를 줄일 수 있었다.

이 작은 주택은 미국 동해안 도시 필라델피아에서 열차로 30분 정도 가면 나오는 교외의 주택지에 세워져 있다. 건축가 루이스 칸이 조각가 와튼 에셔릭의 조카딸, 마거릿 에셔릭을 위해 설계한 집이다.

세계적 거장으로 이름을 남긴 루이스 칸. 이 주택을 다룬 시기에 그는 그다음 대표작이 될 건축 설계를 작업하고 있었다. 대부분이 1960년대 이후, 불과 10년 정도 사이에 마치 치열한 삶을 살듯이 건축되었다. 그리고 73세에 뉴욕의 지하철역에서 그의 인생에 갑자기 종지부가 찍혔다.[※1]

칸은 공공건축 일로 바쁜 시기에도 주택 일을 거절하지 않았다고 한다. 그 이유는 만년에 말한 다음의 말에서 알 수 있다. "모든 건물은 집입니다. 그것이 의사당이라도 해도, 개인이 살기 위한 곳이라도 해도." 이 말이 칸이 건축할 때의 기본적인 자세를 나타내 준다.

칸의 유명한 드로잉이 있다. 아치 아래에 난롯불이 있고, 사람이 살고 있다. 그리고 그 밑에는 「ROOM」이라는 글자가 쓰여있다. 그것들을 감싸는 공간을 만들어 내는 것이 건축을 창출하는 근원적인 동기가 될 것을 시사한 것이다.

※1 방글라데시 출장에서 귀국길에 펜실베이니아 역의 화장실에서 심장발작으로 사망했다.

남서쪽 외벽과 굴뚝 사이에 설치된 틈새 창

저자에 의한 남서측 외관 스케치

「큰 공간을 자유롭게 구분해서 사용할 수 있다」라는 유니버설 스페이스[※2]와 같은 사고방식과는 극적으로 대조된다고 볼 수 있다. 그래서 주택 설계를 할 때도 큰 구조체를 만들고, 그 후에 「방을 배치하는」 수법은 사용하지 않는다. 그 스탠스는 미술관과 같은 대규모 건물에서도 일관되었다.

칸이 건축 교육을 받을 무렵 펜실베이니아 대학교는, 프랑스 보자르[60쪽 · ※3]의 흐름을 잇는 고전 건축에 기반한 교육 환경이었다. 근대의 새로운 것을 만드는 것을 목적으로 한 바우하우스[55쪽 · ※1]와는 다르게 건축을 오랜 역사의 일부로 배울 수 있는 환경이었을 것이다.

이 주택은 녹음이 우거진 공원을 배경으로 조용히 서 있다. 신기할 정도로 아담해 보이는 데에는 이유가 있다. 콘크리트 블록으로 만들어져있는 벽은 따뜻한 색상의 모르타르로 마감되어 있지만, 2층의 바닥과 지붕은(일부에서 RC가 사용되고 있지만) 목조로 구성되어 있다. 그로 인해 마루 밑이나 천장의 품이 작아져서 전체 프로포션에 경쾌함을 주고 있다. 만약 모든 것을 RC로 구성했다면, 이렇게까지 섬

※2 건축가 미스 반 데어 로에에 의해 제창된 건축 이념으로, 최소한의 구조부재로 구성된 다용도 공간. 구조 기술의 진화 때문에 가능해졌다.

오픈 스페이스(2층 이상에 걸쳐서 바닥을 두지 않고 아래에서 위까지 훤히 뚫어놓은 공간)에서 거실을 바라보다. 통풍용 창문은 전부 열 수 있다.(사진 오른쪽 아래) 「창」이라기보다는 자유롭게 조작하고 연출할 수 있는 「벽」이라고 불러도 좋을 듯하다.

세하게 서 있지는 않았을 것이다. 플랜은 중앙에 있는 계단을 끼고, 그 양쪽으로 훤히 트인 커다란 책장이 있는 리빙, 다이닝과 침실이 있는 2층의 공간으로 나누는 것이었다. 각각의 공간은 독립성을 가지면서도 자연스럽게 연결되어 있다. 규모적인 조건에서 일체화되어 있기는 하지만, 이것도 「ROOM」을 만들어 연결함으로써 생겨난 구성이라 하겠다.

도로 쪽 개구부에서 인상에 남는 것은, 위층에 설치된 커다란 붙박이창의 높이이다. 밖에서는 실내 천장이 조금 보인다. 해 질 녘에는 생활의 온기를 이 마을에 전해 주는 역할도 할 것이다. 동시에 이 창문이 잘라낸 하늘과 가로수의 녹색이 리빙룸에서 지내는 사람의 프라이버시를 지켜주는 역할도 하고 있다. 한편 남쪽 창문은 옆 공원을 향해 활짝 열려있다. 이쪽도 붙박이창이지만, 양쪽에 있는 판자문이 공기를 통하게 하고 있다. 「보기 위해서」 큰 유리 부분을 개폐할 수 있도록 하려면, 구성이 복잡해지는 데다 개폐부에 장지문을 설치해야 한다. 그래서 각각 「보고」, 「바람을 이끌기」 위한 역할을 하고 있다.

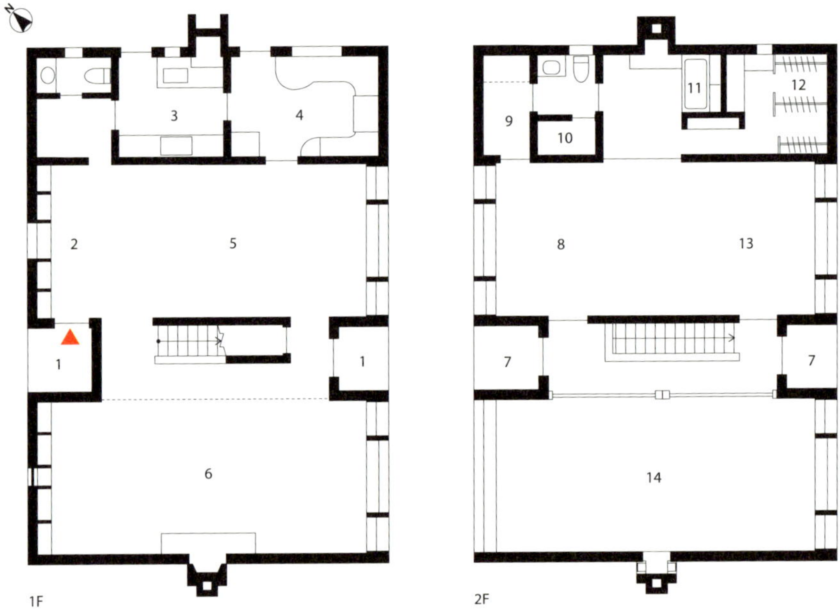

Data
소재지: 필라델피아
(미국)
층 수: 지상 2층

1. 파우치
2. 로비
3. 세탁실
4. 키친
5. 다이닝
6. 리빙
7. 2층 파우치
8. 서재
9. 창고
10. 샤워 룸
11. 욕실
12. 옷방
13. 침실
14. 오픈 스페이스

사실, 도로 쪽에도 책장의 일부 부분에 통풍용 구멍이 뚫려 있다. 이렇게 「ROOM」에 뚫린 창은 생활공간과 바깥 환경을 진지하게 연결한다.

그리고 언뜻 보기에는 신경 쓰지 않은 듯, 무뚝뚝한 느낌이 드는 남서쪽의 파사드. 자세히 보면 벽난로 굴뚝이 외벽에서 조금 떨어져 있고, 그 부분이 슬릿 모양의 창문으로 되어있다. 일몰 시간대에는 그 창을 통해 거실에 한 가닥 석양이 비친다. 이 슬릿 창은 계절에 따라, 날씨가 변함에 따라, 날마다 조금씩 바뀐다. 시간의 흐름 속에서 극적으로 변화하는 석양의 모습을 석양 때문에 더워하지 않고 즐길 수 있다. 그때 이 「ROOM」은 이 장소가 지구의 일부라는 사실을 보다 직감적으로 거주자에게 가르쳐준다. 그것이 바로 생활공간에 「건축」이 전해 주는 선물인 것이다.

Louis Kahn

루이스 칸

1901.2.20-1974.3.17

Works
솔크 생물학 연구소
(샌디에이고, 1965)
펜실베이니아 대학 리차드 의학 연구동
(필라델피아, 1965)
킴벨 미술관
(포트워스, 1972)
방글라데시 다카 수도 대학 · 국회 의사당
(다카, 1983)

건축 설계에는 항상 선택의 여지가 있다. A를 선택할 것인가? B를 선택할 것인가? 설계자로서 그 선택에 강요당하는 나날들 속에서 아주 쉽게 「칸은 A, B 모두 원했겠지….」라고 생각이 드는 순간이 있다. 그것을 가장 알기 쉬운 건축물은 명작으로 유명한 킴벨 미술관이다. 그 공간은 아름다운 프로포션의 아치 볼트[※1]로 씌워져 있고, 꼭대기 부분 슬릿에서 채취한 자연광이 교묘하게 투사된 반사광에 의해 볼트에 확산되면서 간접 광으로 쏟아진다. 그러나 이 공간을 만든 것은 건축 구성법적인 모순이다. 다리 같은 일반적인 조적조 아치를 만드는 과정을 본 사람이라면, 석재를 지보공 양 하단부터 위로 쌓고, 마지막으로 꼭대기에 요석을 끼워 아치를 안정시킨 후 밑의 받침을 벗긴다……. 라는 흐름을 기억할 것이다. 슬릿에서 들어오는 빛은 이 돌을 분리함으로써 이끌어진다. 이것은 슬릿의 양쪽을 아치가 아닌 거대한 들보로서 구조 해석하는 것으로 실현된 공간인데, 그 밑바탕에는 〈빛은 공간의 꼭대기에서 인도되어야 한다〉라는 강한 의지와 포기하지 않고 모순을 좇아 제3의 답으로 승화시켜 버리는 집념이 있었을 것이다.

그것은 칸 자신의 생활 방식에도 나타난다. 사실 칸에게는 세 가족이 있다. 영화 『나의 건축가 - 루이스 칸』은 칸의 아들이 자신의 정체성을 찾기 위해 아버지와 그 가족의 역사를 따라다닌 다큐멘터리인데, 영화 속에서 아내들은 「의심할 여지 없이 자신은 칸에게 사랑받고 있다」라고 각각 말했다.

칸은 「사무실은 나의 교회이다」라며 스태프들에게 일요 근무를 시키고, 놀라운 집중력으로 설계를 수정해나갔다. 스태프들이 그 열광에 말려들어 작업을 계속하면서 하나의 건축이 형태를 이루어 간다.

분명 거기에 경계선은 없었을 것이다. 그가 다루었던 건축에도, 그 자신의 인생에도, 모든 것을 바치고 달리는 건축가의 모습이 투영된다.

Profile 20세기에 활약한 미국인 건축가. 주택에서부터 공영주택, 도시계획까지 광범위하게 건축을 다루었다. 구조와 디자인을 융합한 건축이 특징이다. 중후한 벽돌이나 치장 콘크리트에 섬세한 유리 등을 조합하는 독자적인 감성을 가지고 있다.

※1 고전적으로는 돌과 벽돌 등으로 천장과 지붕을 아치 모양으로 둘러친 공간 형태. 여기에서는 RC 조의 사이클로이드 곡선이 이용되어 있다.

Villa Veritti

변주되는 이야기처럼

베리티 저택

설계: 카를로 스카르파

준공: 1961년

저택에 다가가면서 거실 창을 바라보다. 불빛에 영향을 받은 것을 느낄 수 있는 기하학적 나무 창틀이 아름답다.

그때 나는 모종의 실망과 함께 내내 서 있었다. 아무리 몸을 내밀어도 그곳에서는 외벽의 극히 일부밖에 보이지 않았기 때문이다. 건축 가이드북에는 「밖에서 볼 수 있다」라고 쓰여 있었지만, 실제로는 부지가 길었고, 위쪽으로의 접근도 길어서 겨우 존재를 확인할 수 있는 정도에 불과했다. 베네치아에서 기차를 타면 우디네 마을까지 두 시간 정도 걸린다. 언덕 위로 올라가는 아름다운 회랑(유럽 중세의 종교 건물에서 안뜰의 가장자리에 있는, 콜로네이드 또는 아케이드가 둘러 있는 복도)이 매우 인상 깊은 곳이지만, 딱히 관광지라고 볼 수는 없었다. 이렇게 말하는 나도 이 베리티 저택만을 보기 위해 이곳에 왔다.

어쩔 수 없다, 하고 체념하고 발길을 돌리려는 순간, 차고의 전동문이 열렸고, 안에서 차가 나왔다. 황급히 운전석 여성에게 말을 걸어(꽤 서투른 이탈리아어로) 꼭 집을 보고 싶다고 부탁을 하자, "오늘은 쇼핑하러 가기 때문에 무리지만 내일 아침이라면 괜찮아요." 라고 흔쾌히 허락해 주었다.

이튿날 아침, 다시 방문하여 긴 어프로치 구간을 벗어나자 각도가 흔들린 면, R벽, 삼각 모티브, 기둥의 장식 등, 다양한 건축의 모습이 나타났다.

이 주택을 설계한 카를로 스카르파는 한때 프랭크 로이드 라이트를 위해 일했던 시절이 있었다. 이 주택의 설계를 스카르파에게 의뢰했던 루이지 베리티 변호사는 협동 연구자의 친척이었다. 베리티는 우선 스카르파에게 일족의 묘소 설계를 의뢰했고, 그로부터 10년 후인 1961년에 완성된 것이 이 주택이다. 그 당시 스카르파는 올리베티[※1]의 쇼룸 등, 후에 대표작이 될 작품을 다루고 있었는데, 그 경력의 초기에는 사정이 좋지 않아서 좀처럼 기회가 주어지지 않았다. 한때는 베네치안 글라스로 알려진 무라노섬에 틀어박혀 유리그릇 디자인을 다루던 시기도 있었다. 라이트 연구 관련으로 받은 일이 영향을 주었던 건지 이 주택에서는 기둥 장식과 창문 디자인, 스틸에 사용된 체로키 레드[※2] 등에서 라이트의 영향을 느낄 수 있다. 하지만 스케치를 하면서 디테일을 관찰해가는 동안에 역시 이건 스카르파의 디자인이라고 확신하게 되었다. 라이트의 기법에서는 디자인 요소를 전체적으로 통합해 나가려는 라이트 자신의 강한 의지가 느껴진다. 스케일의 크고 작음을 불문하

※1 이탈리아를 대표하는 역사적인 타자기 제조  판매 회사. 현재는 텔레콤 이탈리아에 인수되어 주로 시스템 솔루션 사업을 운영하고 있다. ※2 라이트가 「강조색」으로 사용하기 좋아했던 적갈색. 건축뿐만 아니라 손으로 그린 도면이나 조명 등 작품 곳곳에서 볼 수 있다.

베리티 저택 외관 스케치

고 가구나 작은 비품에 이르기까지 그의 디자인으로 채워져 가는 것이다. 반면, 이 주택에서 전개되고 있는 디테일은 보다 자유롭고, 계속해서 변주를 거듭해 나간다. 그것들은 마치 각각의 공간에 맞추어 정밀한 차원에서 펼쳐지는 한 편의「이야기」와도 같았다. 원래 이야기란 불가역적으로 진행된다. 항상 시간의 경과를 수반하기 때문에 원래대로 돌아갈 수 없다. 그래서 오랜 과정을 거쳐서 만들어지는 공간은 만약 같은 과정을 다시 거치게 되더라도 분명히 같은 선택은 하지 않을 것이다, 라는 느낌이 들었다.

한참 생각을 하며 외관 스케치를 마치자, 어제 만났던 집주인이 '거실 만이라면…….' 하고 집 안으로 초대해 주었다. 내부 공간 디테일의 밀도는 밖에서 보는 것보다 한 단계 더 높았고, 거기에 든 방대한 검토 결과를 생각하게끔 했다. 그러나 그 공간에는 이상할 정도로 긴장감이 없었다. 그곳에는 이른바 사람의 생활을 받아들이는 장으로서의 "느긋함"이 있었다. 그것은 자연스럽게 놓여 있던 알토의 디자인 스탠드가 위화감 없이 공간에 녹아들어 있었던 것에서도 나타나고 있었다.

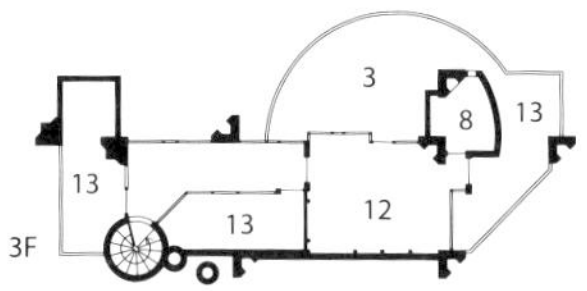

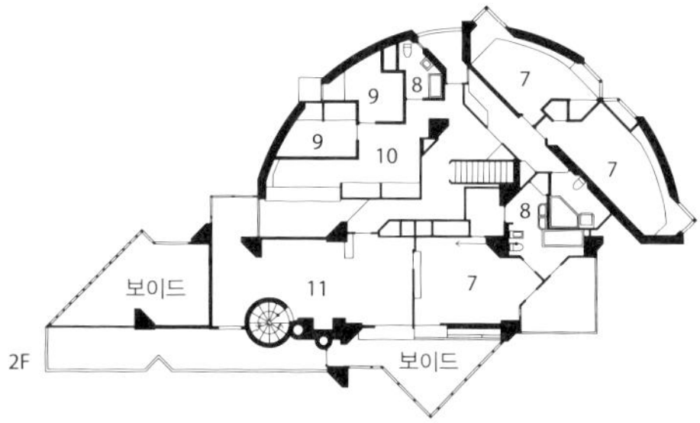

1. 어프로치
2. 리빙
3. 일광욕실
4. 다이닝
5. 서비스 룸
6. 키친
7. 베드 룸
8. 배스 룸
9. 서비스 베드
10. 옷방
11. 살롱
12. 스튜디오
13. 테라스

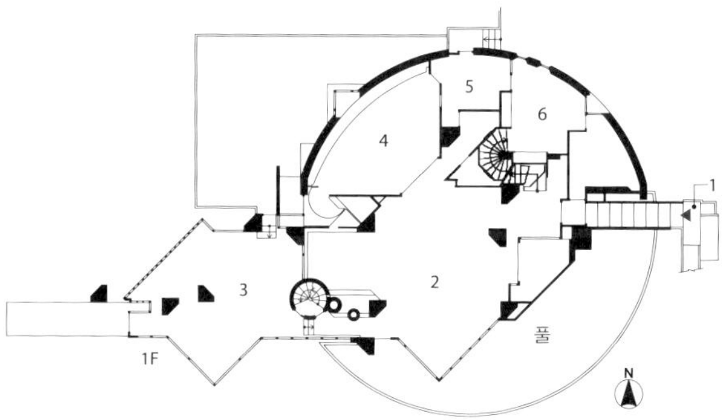

Data
소재지: 우디네
(이탈리아)
층 수: 지상 2층

스카르파와 라이트는 1951년 베네치아에서 만났다. 라이트는 그때 무라노섬의 공방에서 작자를 모르는 아름다운 유리그릇 다섯 점을 샀다. 사실 그것은 스카르파가 무라노에 틀어박혀 있을 때 제작한 작품이었다. 세대가 다른 두 건축가가 아름답다고 느끼는 것들을 통해서 서로 연결된 것이다.

나는 스카르파의 건축에서 계속 〈일본—동양적인 것〉을 느꼈다. 하지만, 스카르파가 실제로 일본을 방문한 것은 만년이 되어서의 일이다. 그 부분이 아무래도 석연치 않았는데, 1999년, 스카르파의 아틀리에에 재적 중이던 도요타 히로유키의 강의에서 스카르파는 〈일본〉에 관해서 어떻게 생각하는가? 라는 질문을 던졌을 때 이런 대답이 돌아왔다.

"스카르파에게 있어서 〈일본〉은 라이트에게 배운 것, 책에서 배운 것입니다.[※3] 그리고 스카르파는 이런 말을 하기도 했었습니다. 『문화는 세계를 돌고 도는 것이다』라고."

※3 라이트는 우키요에의 수집가로도 알려져 있으며, 설계 기법에서도 좌우대칭의 구조나 처마의 깊이 등, 일본 문화에서 적지 않은 영향을 받은 것으로 알려져 있다.

Calro Scarpa

카를로 스카르파

1906.6.2-1978.11.28

Works
카노바 미술관
석고상 갤러리
(1957, 포사뇨)
카스텔 베키오 미술관
(1975, 베로나)
브리온 가족묘지
(1978, 산 비토)
오토렝기 저택[172쪽]
(1978, 베로나)

카를로 스카르파는 베네치아 태생의 건축가이다. 하지만, 이 〈건축가〉라는 칭호는 그의 인생에 있어서 골칫거리이기도 했다.

이탈리아가 정국의 영향으로 혼란스러웠던 시대인 1926년에 미술 아카데미를 졸업하고, 베네치아 건축대학에 조수로 취직했다. 재학 때부터 설계 실무를 경험한 20세의 스카파는 이때 건축가 명부에 등록을 신청하지만, 실무 경험 연수의 부족을 이유로 기각되고 만다.

대학에 근무하면서 그는 이듬해, 무라노섬의 유리 공예 회사(비니니)의 미술 고문이 되었다.

스카르파는 거기에서 제작에 몰두하게 되는데, 그 배경에는 무솔리니의 파시즘 체제가 가져온 예술 면에서의 폐색감에 대한 자기방어 차원도 있었다고 한다.

미술이나 그 전시 공간이 되는 건축 잔치인「베네치아 비엔날레」. 그곳에 출품된 스카르파의 유리 작품들은 아름답다. 그 작품들에서는 유리라는 소재로 무엇이 가능할까? 하고 탐구를 계속한 흔적을 찾을 수 있다.

그 비엔날레 현장에서 스카르파는 베네수엘라관을 설계하였다. 그 건축의 훌륭함으로 많은 찬사를 받았지만, 한편으로 보수적인 층에게 질투를 샀다. 그리고 이 건축을 설계한 것이나 기타 중요 역사 건축물을 개수한 것이 〈무자격 활동〉이라며 고발당했다. 결국, 올리베테 건축상 수상을 계기로 특별사면이 되는데, 보수파의 공격은 그 후로도 계속되었다. 역사적 경관을 지키려는 베네치아라는 도시의 특수성도 있겠지만, 베네치아 건축가 협회 회장이 4년 후 그를 다시 고소했다는 사실이 그를 둘러싸고 있던 편협한 공기를 말해 준다.

그는 베네치아 건축대학에서 학장직으로 있었지만, 그런데도 건축가 자격이 주어지지 않았다. 그런 와중에 1978년 두 번째 일본 여행 중, 센다이에서 객사하고 말았다. 스카르파에게 〈건축가〉의 칭호가 주어진 것은 그 죽음으로부터 5일 후였다.

Profile 이탈리아 베네치아 출신의 건축가. 소재를 다루는 데 능숙하고, 장식적인 디테일과 기교, 그리고 오래된 공법의 발달을 선도했다. 장인적 · 공예적인 건축가로 불린다.

저자에 의한 스카르파 작품의 스케치

상단: 브리온 가족묘지 (1978년 준공, 이탈리아) 외관
하단: 퀘리니 스탐팔라이 미술관 (1963년 준공, 이탈리아) 중정

Vanna Venturi House

받아들이는 집

엄마의 집

설계: **로버트 벤츄리**

준공: 1964년

남측 외관. 모더니즘에서는 터부시되는 정대칭의 맞배지붕. 정면 중앙에 현관이 있는 것처럼 보이지만 문은 측벽에 설치되어 있다.

그 설계 기법은 스승에 대한 애정의 뒤엎인 것일까? 무심코 이런 생각을 하게 만드는 건축가는 바로 로버트 벤츄리이다. 벤츄리의 스승인 루이스 칸의 설계 「에셔릭 저택」[140쪽]에서 그리 멀지 않은 교외 주택지에 그의 어머니를 위해 설계된 주택이 있다.

그가 남긴 말 중에 「less is bore」(보다 적은 것은 지루한 것)라는 프레이즈가 있다. 이것은 미스의 명언인 「less is more」(보다 적은 것은 풍부한 것)를 야유한 말이다. 저서 『건축의 다양성과 대립성』에서는 이 책의 목적을 「모순되고 대립되는 스케일과 문맥을 담은 팝아트[※1]의 교훈으로, 순수한 질서를 추구하는 엄격한 꿈에서 건축가를 깨우기 위한 것」이라고 말하면서, 근대 건축의 순수성에 대해 이의를 제기한다. 무리해서 빼셈하면서까지 스토익하게 보이는 근대 건축적인 수법보다, 잡다한 요소가 그대로 들어갈 수 있는 여지를 주는 팝아트적 기법이 더 현대적이다. 라고 말하는 아티스트들의 영향을 받으며 건축 기법을 전개시켰다.

이 주택은 부지 한가운데에 우뚝 놓인 듯이 서 있다. 도로변에서 바라보면, 눈에 띄는 인상적인 집 모양이다. 언뜻 보면 고전적인 모습이지만 자세히 보면 굴뚝같은 돌기, 좌우의 창 등에서 의도적으로 좌우대칭을 무너뜨

※1 1950년대 이후, 영국이나 미국에서 발전한 전위예술 운동. 대량생산 · 소비 사회를 표현의 테마로, 광고나 만화, 보도 사진 등의 대중적인 소재가 그대로 작품에 도입되었다.

북측 외관. 남쪽에서 굴뚝처럼 보이던 부분은 사실 2층 침실 벽이다.

렸음을 알 수 있다. 더 가까이 다가가면 이 삼각형 모양의 집 모양 자체가 「배경[※2]」이라는 사실을 알 수 있다. 간판 건축[※3]처럼 파사드를 위해 준비된 한 장의 판자(벽)인 것이다. 뒤로 돌아가면 건축 양상은 더욱 복잡해진다. 거기에는 여러 가지 요소들이 콜라주 되듯 박혀있고, 그 결과로서의 외관이 그대로 드러나 있다.

인테리어 디자인 회사에서 일하던 그의 어머니는 계획 당시 70세에 가까운 나이였고, 과부였기 때문에 콤팩트한 생활공간을 원했다. 그래서 벤츄리는 1층에 오랜 세월 동안 사용해온 앤티크 가구들을 비치하였고, 벽난로 불을 즐길 수 있는 공간을 설계했다. 기본적인 생활은 1층에서 모두 할 수 있게 되어있어서 생활의 편리성을 고려한 주택이기도 했다. 하지만 세부적으로 해석해보면, 이상한 크기로 난로에 휘감긴 계단이 있고, 게다가 더 위층에 있는 계단은 어디로도 통하지 않는다. 「그것은 행선지 불명이며, 그런 의미에서는 놀이에 지나지 않는다」라고 그는 말했다.

여러 가지 기호적인 요소들, 신축되고 변형된 물건들의 크기와 스케일, 구조적 혼성……그곳에는 뭔가 하나의 사상으로 건축이나 공간을 통일하려는 의도는 보

※2 무대나 스튜디오 세트 등에서 사용되는 대도구. 판재에 풍경이나 건물 등의 배경을 그린 것.

※3 관동 대지진 후, 대량으로 건설된 점포 병용의 도시형 주거. 자금 부족 때문에 목조 연립 주택 등의 파사드에 타일 등을 붙여 표면만 있는 서양식의 외관으로 꾸민 것.

저자에 의한 외관 스케치

Data
소재지: 필라델피아 (미국)
층 수: 지상 2층

1. 리빙
2. 침실
3. 키친
4. 정원
5. 욕실
6. 창고
7. 테라스

이지 않는다. 아니, 오히려 「제멋대로 행동」하기 위해 열정을 쏟고 있는 듯하다. 「여러 가지 경험적 사상들을 인정하고 받아들이면서」 그가 만들고자 했던 건축에는 복잡성을 정리해서는 안 될 숙명이 처음부터 설정되어 있었음을 느낀다.

이 집을 방문한 루이스 칸은 한마디도 하지 않고 그대로 돌아갔다. 칸 자신은 교육자로서 벤 츄리에게 자기와 같은 짓은 하지 마라, 라고 말했다고 한다. 그리고 충실한 제자는 그 말을 지킴으로써 스승을 대립 축의 반대편에 세우게 되었다.

그의 저서에는 칸의 말이 종종 인용되는데, 예를 들면 「『건물을 폐허로 만들어 버렸다』와 같은 칸의 소크 연구소[※4]」라는 말에서 알 수 있는 것은 조금 비뚤어진 충성심이다. 존경하는 스승이자, 동시에 넘어야 할 선구자인 칸에 대해 〈다양성〉과 〈양의성〉을 껴안은 채 마주 보고 나아가기로 한 것에 대한 결의가 느껴진다.

※4 세균학자 조너스 소크에 의해 개설된 연구소. 콘크리트 타설된 대칭인 연구동에 끼인 중앙 광장에서는 바다와 하늘, 대지를 다 이내믹하게 바라볼 수 있다.

Gwathmey House & Studio

초속도를 지탱한 것은

과스미 저택 겸 아틀리에

설계: **찰스 과스미**

준공: 1966년

동측 외관. 입방체와 구체가 교차하는 조각적인 디자인. 3층 건물로, 바다에 대한 조망을 확보하고 있다. (건물의 가장 높은 부분은 약 12m. 현재의 건축 제한으로는 허가되지 않는다.)

"초속도"라는 말이 있다. 어떤 물체가 허공에 던져져 움직이기 시작하는 순간의 속도를 말한다. 이 초속도는 물체가 도달할 수 있는 지점을 변화시킨다. 이 주택을 보고 있으면, 이상하게도 그 초속도가 도와주었을 것이라는 생각이 든다.

이 주택은 당시 아직 20대였던 찰스 과스미가 부모님을 위해서 지었다. 그 형태는 순수 기하학적인 입방체에서 볼륨을 뽑아내어 다른 기하학을 부가해 가는 형태 조작의 산물이다.

예일 대학을 다닌 과스미는 정신적인 스승으로 우러러본 르코르뷔지에의 건축을 프랑스에서 접했다. 에드워드 래러비 반스[※1]의 사무소에서 일했지만, 이 주택의 의뢰를 계기로 퇴직했고, 부모님이 의뢰한 이 일에 전념하게 되었다.

과스미는 한가로운 전원지대였던 햄톤즈의 평탄한 부지에 결과적으로 이 조각적인 아름다운 분위기의 주택을 완공했다. 하지만 그것을 위한 과정은 수월하게 진행되지 않았다. 초기에는 철근 콘크리트 구조의 건축을 상정했지만, 비용이 너무 많이 든다는 이유로 단념했다. 결국, 목조로 설계를 하게 되는데, 그래도 예상했던 예산의 두 배 정도의 견적액이 되었다고 한다.

※1 (1915~2004). 미국 출신의 건축가. 오피스 빌딩, 미술관, 식물원, 교육 시설에서 주택의 프로토타입까지 폭넓은 설계를 다루었다.

2층 거실에서 나선 계단을 바라보다. 내벽은 삼나무 판에 흰 페인트를 칠한 뒤 닦아내어 마무리하였다.

그래서 뉴욕의 프랫 인스티튜트[※2]에서 강사로 있으면서 스스로 현장 감독이 되어 건설업자와 협동함으로써 완성에 도달했다.

과스미가 초기에 철근 콘크리트조로 설계를 해나간 데에는 아마 르코르뷔지에의 영향이 있었을 것이다. 전통적인 수법이 아니라, 기하학을 바탕으로 고전적인 아카데미와 싸우던 르코르뷔지에의 수법은 저서의 영향력으로 인해 온 세계에 전파되고 있었다.

그러나 과스미가 이 주택을 설계할 때, 클라이언트인 부모님의 존재가 한몫하고 있었던 것은 아닐까 하고 생각한다. 화가인 아버지와 사진가인 어머니(나중에 텍스타일 디자이너로 전환)는 과스미의 캐릭터 형성에 영향을 주었을 뿐만 아니라, 아들의 설계안에 애정을 쏟았고, 그가 쏟아부은 초속도에 브레이크를 밟지 않고 달리게 한 것은 아닐까? 망설임 없는 플랜을 보고 있자면, 질주감과 비슷한 감각마저 느껴진다. 그때의 초속력을 지탱한 것은 "부모의 마음"이었을지도 모른다.

※2 뉴욕에서 19세기 초반에 창립된 사립 고등교육기관. 건축, 인테리어 디자인, 인더스트리얼 디자인 학과의 명성이 널리 알려져 있다.

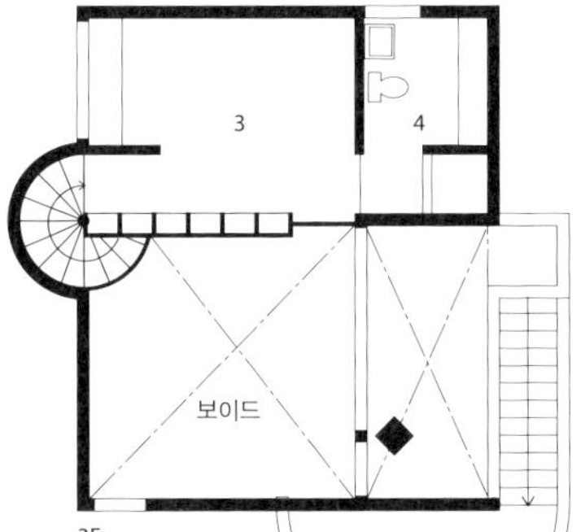

3F

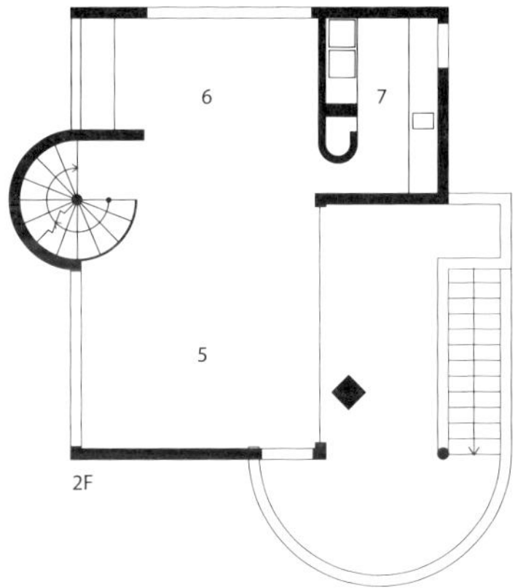

2F

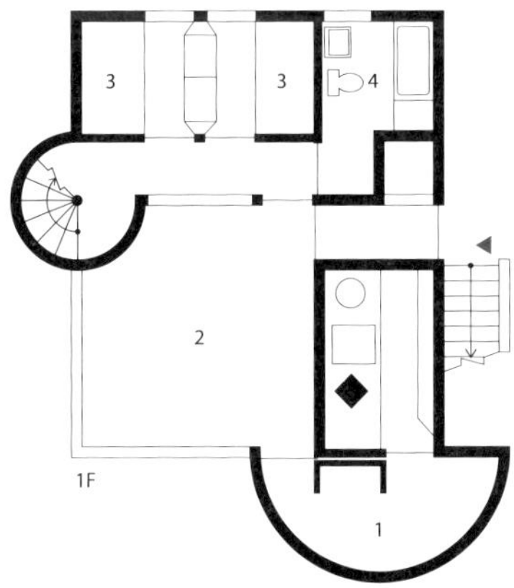

1F

1. 아틀리에
2. 테라스
3. 침실
4. 욕실
5. 리빙
6. 다이닝
7. 키친

Data
소재지: 롱아일랜드
(미국)
층 수: 지상 3층

조지 와이먼 설계, 브래드버리 빌딩 (1893년 준공, 미국) 내부 스케치

1970s

Chapter 6

Can Lis / Jørn Utzon

[칸 리스 / 예른 웃손]

Casa Gilardi / Luis Barragan

[길라디 저택 / 루이스 바라간]

Ottolenghi house / Calro Scarpa

[오토렝기 저택 / 카를로 스카르파]

Can Lis

사암에 둘러싸인 소리 없는 공간

칸 리스

설계: **예른 웃손**

준공: 1972년

해안가의 좁은 부지에 세워진 이 주택은, 4개의 파빌리온이 끈 모양으로 이어지는 형태로 설계되었다. 사진 바로 앞은 키친과 다이닝, 테라스가 있는 동.

이 주택의 아름답고 한적한 모습은 건축가가 처해 있던 상황과 반대로 나타난 것이었는지도 모른다. 그렇게 생각하니 조금 애달프기도 하다.

1957년, 오스트레일리아의 시드니에 건설된 오페라하우스의 설계 경쟁에서 건축가 예른 웃손은 생각지 못하게 승리를 거머쥐게 된다. 공모 때 웃손이 제출했던 자료는 거친 스케치 정도였기 때문에, 사전 심사에서 탈락되었기 때문이다. 그런데, 심사위원인 에로 사리넨[108쪽 · ※1]이 그의 자료를 다시 살렸다. 게이트웨이 아치[※1]를 공모전에서 쟁취하고, 훗날 TWA 공항터미널[※2] 등을 다루게 될 사리넨에게는 이 곡선의 가능성에 크게 공감하는 바가 있었을 것이다.

웃손은 공모전에서 승리한 후, 오페라하우스 일에 전념하기 위해서 모국인 덴마크에서 오스트레일리아로 거주지를 옮긴다. 그리고 당시 초안의 포물선 셸에 의한 복잡한 형상을 보다 시공하기 쉬운 구면의 종류로 다시 구성하는 등, 건축을 실현으로 이끌기 위해 대폭적인 설계 변경을 거듭하였다. 그러나 내장안이 결정되었을 무렵, 건축주인 주 정부 수장이 선거에서 낙선하여 건축주 측과 충돌하게 된다. 이유는 애초 예산을 크게 웃도는 건설비 상승(실제로 14배 이상으로 높아졌다)

※1 미국 세인트루이스의 기념공원에 세워진 아치 모양의 건축물. 높이 192m, 최대폭 192m. 내부에 구비된 트램을 통해 전망대까지 갈 수 있다. ※2 미국 뉴욕시의 존 F. 케네디 국제공항의 제5터미널. 날개를 펼친 갈매기 같은 외관이 특징. 회사 인수로 2001년에 폐쇄되었지만, 2019년에 TWA 호텔로 개장되었다.

거실에서 그림같이 펼쳐진 바다를 바라볼 수 있다. 방은 거의 장식되어 있지 않다.

과 계속해서 지연되는 스케줄 때문이었다. 결국, 1966년에 그는 해고되었고, 실의 속에 오스트레일리아를 떠나게 된다.

그런 웃손이 덴마크로 돌아가는 도중에 들른 곳이 스페인의 마요르카섬이었다. 지중해에 둘러싸인 땅에 끌린 그는 1972년에 자신의 여름 별장을 지었다. 그것이 이「칸 리스」이다. 참고로 명칭 속의「리스」는 그의 아내 이름에서 따왔다고 한다.

섬에 땅을 취득한 웃손은 종종 주위 벼랑에 올랐고, 바다에도 내려가고, 동굴에도 들어가 있었다고 한다. 주변이 바위로 둘러싸인 그곳에는 바다 풍경만이 펼쳐져 있었다. 그때 그가 느꼈던 이미지가 설계안에 그대로 나타나게 된다. 당시의 러프 스케치가 몇 개 남아있는데, 바다 풍경을 어떻게 다듬을 것인가에 대한 열정이 느껴지는 드로잉들이다.

섬에서 나는 사암을 건축 자재로 사용한 것도 실로 자연스러운 흐름이었을 것이다. 사암에 싸인 공간이 가진 힘, 그리고 그 힘이 가져오는 셸터의 감각.

1

2

3

1. 다이닝 앞 공간에서 키친 방향을 바라보다. 테이블, 벤치 등도 지역에서 나온 재료를 사용했다. 목제 가구는 마요르카 먼츠로 만들어졌다.
2. 시드니 오페라하우스의 외관.
3. 저자의 바우스배어 교회[167쪽 참조] 외관 스케치.

그것들이 동굴 속에 파묻혀 있을 때 본능적인 안도감에서 온 것이라면, 오스트레일리아에서 쫓겨난 건축가들을 위로하기 위한 거처로 필요했던 소재였으리라 생각된다.

거실에서 볼 수 있는 특징적인 창문은 내부에서 보면 마치 유리가 끼워져 있지 않은 것처럼 보인다. 이것은 붙박이창 목제 새시를 개구부 크기보다 오프셋 하여 외부에 부착함으로써 실현되었다. 붙박이창과 두꺼운 돌벽은 아름다운 풍경이 베어지는 소리 없는 세계를 가져온다. 반원형의 제작 소파에서 오직 풍경을 바라보기 위해 만들어진 자리. 밖에는 중정으로 사용할 수 있는 열린 공간이 충분히 있으므로, 파도 소리나 바람은 그곳에서 느끼면 된다. 이곳은 〈지켜진〉 상황에서 아름다운 자연을 마주하기 위해 만들어진 공간이라고 생각한다.

이 별장이 준공된 1972년에는 웃손이 오스트레일리아를 떠난 후, 20년이라는 실로 오랜 세월에 걸쳐 건설된 오페라하우스가 개관되기 직전이었다. 개관식에서는 그의 이름조차도 호명되지 않았고, 웃손 자신도 생애 두 번 다시 오스트레일리

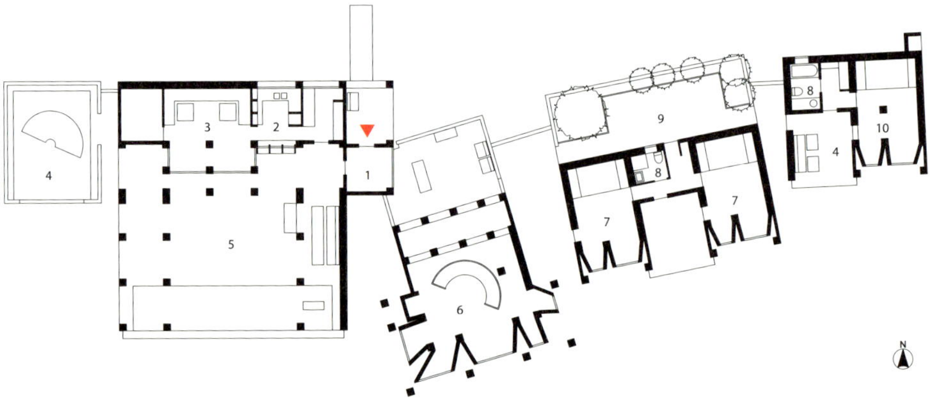

1. 엔트런스 6. 리빙
2. 키친 7. 침실
3. 다이닝 8. 욕실
4. 뒤뜰 9. 중정
5. 테라스 10. 스튜디오

Data
소재지: 마요르카섬 (스페인)
층 수: 지상 1층

아 땅을 밟지 않았다. 그런데 그 오페라하우스를 설계한 건축가가 만든 집, 이라고 알려져서 칸 리스에 사람들이 몰려오게 된다. 그 상황에 진저리가 난 웃손은 아이들에게 별장을 물려주고, 섬의 호젓한 다른 곳에 별장 「칸 페리즈」를 설계하여 그곳에서 만년을 보냈다.

시간이 흘러서 2003년, 웃손은 오페라하우스의 「설계자」로서 시드니 대학에서 명예박사 학위를 받았으며, 훈장을 받았다. 고령이기 때문에 본인은 가지 못했지만, 아들이 대신 받아 주었고, 오페라하우스의 내부 장식도 애초 웃손이 구상했던 안으로 개수하기로 했다. 그리고 2007년, 오페라하우스는 세계 유산에 등록된다. 그 이듬해, 웃손은 90세의 나이로 사망했다.

부드러운 빛으로 둘러싸인 강한 사암 공간이 당시의 웃손에게는 필요했을 것이다. 그리고 건축은 때로 만드는 사람의 감정을 광경으로써 공간 그 자체에 반영한다. 마치 건축이 그곳에 존재하는 한 오래오래 퇴색하지 않는 필름처럼.

Jorn Utzon

예른 웃손

1918.4.9-2008.11.29

Works
플라네스타텐 공영주택
(1958, 룬드)
쿠웨이트 국회의사당
(1972, 쿠웨이트)
바우스배어 교회
(1976, 코펜하겐)
칸 페리즈
(1995, 마요르카섬)

한 가족의 모습이 담긴 한 장의 사진이 있다. 만년의 웃손과 아내 리스, 두 명의 아들과 딸. 모두 미소를 짓고 있다.

웃손의 아버지는 조선 기사였다. 웃손의 유작이 된 「웃손 센터」에는 아버지가 설계한 요트도 수장되어 있다.

아웃도어 지향인 아버지는 그를 어린 시절부터 낚시나 캠핑에 데려갔고, 웃손은 거기에서 자연과 교감하는 방법을 배웠다. 도시보다 자연이 많은 교외 생활을 했고, 식생활은 야채 중심의 생식이었다.

타고난 예술가였던 웃손은 회화나 조각에 흥미를 나타내었는데, 조각가 삼촌에게 조언을 구한바, 건축가의 길을 권유받았다고 한다.

오페라하우스 일 때문에 오스트레일리아에 갔을 때, 아내와 자녀들도 함께였다. 가족들은 항상 단결해 있었다고 한다. 두 명의 아들은 후에 건축가가, 딸은 디자이너가 되었다.

오페라하우스 일에서 벗어난 웃손 부부는 덴마크 국내외의 일을 맡고 있었기 때문에 마요르카섬에 정착하지 않고, 섬과 덴마크 사이를 오가며 생활했다. 칸 리스를 만들고 나서 3년 뒤, 장남인 얀이 웃손의 한쪽 팔이 되었고, 함께 「웃손 아키텍트」를 창설했다. 그리고 가족이 총출동한 것이 덴마크의 「바우스배어 교회」이다. 건축가가 된 두 아들과 더불어, 딸인 린은 카페트 등의 텍스타일 디자인을 다루었다. 실제로 그 교회에 방문했을 때 외관은 어눌한 인상을 주었지만, 내부로 들어가면 곡면 천장에서 부드럽게 확산되면서 떨어지는 빛에 놀라게 된다. 지중해의 강한 태양과는 전혀 다른 양상으로 쏟아지는 북유럽의 태양. 그 부드러운 빛은 마치 구름 사이로 쏟아지듯 교회를 가득 채운다. 그리고 가족의 단결에서 탄생한 작품들은 오페라하우스에서의 좌절을 뛰어넘어 평가받고 있다. 쿠웨이트 국회의사당 등의 프로젝트도 다루었다. 자연 속에 몸을 두면서 가족과 함께 작업하던 날들. 디자인 교육을 받으면서도 가족을 지탱하기 위해 애쓴 아내가 지켜보는 가운데 보낸 만년. 그것이 행복한 인생이었는가 하는 물음에는 첫머리에 소개한 한 장의 사진이 대답해 줄 것으로 생각한다.

Profile 덴마크 출신의 건축가, 디자이너. 왕립 덴마크 예술 학원을 졸업 후, 알바르 알토의 밑에서 경험을 쌓은 후 독립. 자연물이나 민가 등 토착적 건축물이 가지는 패턴에 강한 영향을 받았다. 인간의 생활, 자연, 환경을 통합한 기능적이고 유기적인 공간을 추구했다.

Casa Gilardi

전하고 싶었던 것

길라디 저택

설계: **루이스 바라간**

준공: 1978년

※1 산크리스토발의 마구간(멕시코, 1968년 준공). 서러브레드의 번식과 경주마 훈련을 전문으로 하기 위해 세워졌다. 마구간 외에 갤러리, 승마 경기장이 병설되어 있다. 현재는 마굿간을 경영하는 가족의 저택으로서 일부 공개되어 있다.

다이닝에서 수영장을 바라보다. 선명한 파란색과 분홍색 벽이 수영장 수면에 반사된다. 거기에 천창 밖으로 쏟아져 들어오는 빛에 의해 환상적인 공간이 만들어진다.

이 주택이 만들어지고, 오늘날 명작으로 불리기까지는 한 젊은이의 열정이 필요했다.

"그는 나에게 많은 것을 가르쳐 주었다. 하지만 나는 대부분 시간을 내가 진짜 천재와 이야기하고 있다는 것을 인식하지 못했다. 나는 너무 어려서, 내가 『누구와』 말하고 있는지를 진정한 의미로 이해하지 못했다."

프란시스 길라디의 말이다. 바라간 "풍"이 아니라, 「바라간 주택」을 원했던 그는, 바라간 본인에게 의뢰를 시도했지만 좀처럼 받아들여지지 않았다. 바라간과 함께 승마했던 삼촌과의 관계 덕분에 어린 시절부터 안면은 있었지만, 대표작 중 하나인 「산 크리스토발[※1]」을 다룬 지 10년이나 지나서 그는 실질적인 은퇴 상태에 있었고, 설계로부터 한 발짝 떨어져 있었기 때문이다. 하지만 길라디는 바라간의 흥미를 이끌어내는 말을 곁들이며 열심히 설득을 시도했다. 밀집지에 절대 넓지 않은 부지이지만, 훌륭한 자카란다[※2] 나무가 있고, 수영장도 있다고 말이다. 바라간은 3개월 정도의 생각할 시간을 달라고 대답했다. 결국, 길라디의 열의가 통해서 바라간이 설계를 하기로 했을 때, 그는 70세를 넘긴 나이였다. 길라디는 바라간보다 40세 이상 어린 나이였다. 최초의 플랜 제안은 페이퍼 냅킨 위였다고 한다.

※2 능소화과 송이버섯 속, 높이 10m를 넘는 고목. 꽃 지름 5cm 정도로, 선명한 종 모양의 보라색 꽃을 피운다. 화염목, 봉황목과 더불어 세계 3대 꽃나무 중 하나로 손꼽힌다.

1층 다이닝으로 이어지는 복도. 중정 쪽 벽(사진 우측)에는 리드미컬하게 슬릿창이 새겨져 있고, 창에는 노란색 도장이 되어있다. 안쪽에 보이는 수영장의 푸른 벽이 복도의 먼 곳을 더욱 돋보이게 한다.

감이 잡히지 않았다는 길라디는 의뢰한 지 반년 후, 구체적인 플랜을 제안받는다. 무려 다이닝은 키친에서 20m나 떨어져 있었으며, 리빙은 2층에 있었다. 그리고 길라디가 아무런 세부 사항을 파악하지 못한 채 공사가 시작되자, 이미 만들어진 벽들을 매일같이 넘어뜨리고, 움직이고, 길이도 바꾸었다. 바라간은 스스로 도면을 그리지 않았기 때문에 현장 상황에 맞추어 드래프트 맨[※3]이 수정을 더 했다. 색도 여러 번 칠해졌다고 하는데, 다시 수정하는 비용은 전액 바라간이 부담했다. 길라디는 강한 불안 속에서 1년여를 보내게 되고, 벽에 색칠하는 단계에 이르러서야 비로소 이 집의 공간을 이해하게 되었다고 한다.

현관에서부터 어두운 복도를 지나쳐 가면 노란 불빛에 싸인 공간이 나타난다. 이곳은 단순한 복도라는 말로는 얽매이지 않는 감정의 움직임이 수반되는 장소이다. 이 공간의 벽은 사실 흰색으로 마감되어 있다. 중정 쪽 트임 유리창에 색칠이 되어있기 때문에, 유리를 투과한 노란빛으로 공간이 채워지는 것이다.

그 앞에 수영장이 있는 다이닝 공간이 기다리고 있다. 흰 벽을 주체로 수영장

※3 제도 기술자. 주로 기본설계 이후의 상세도면 등을 전문으로 작도하는 자를 말한다.

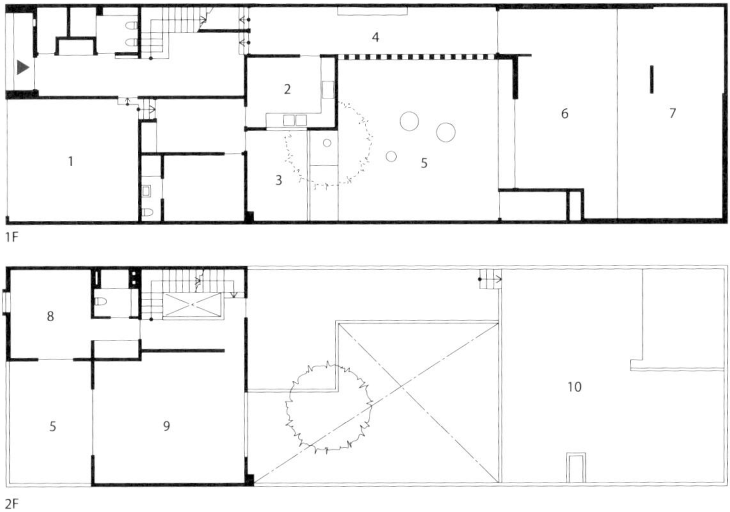

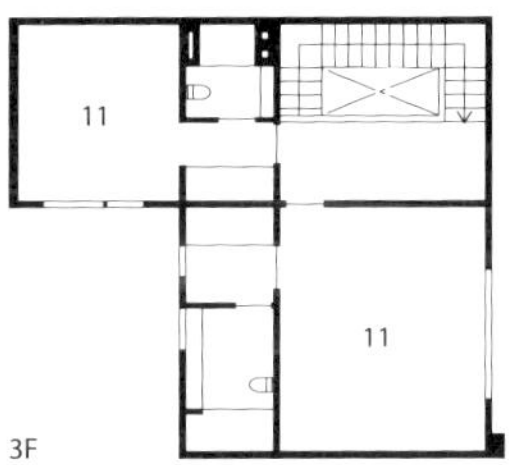

1. 차고
2. 키친
3. 서비스 야드
4. 복도
5. 중정
6. 다이닝
7. 수영장
8. 아이들 방
9. 리빙
10. 테라스
11. 침실

Data
소재지: 멕시코시티 (멕시코)
층 수: 지상 3층

둘레에 강한 색이 사용되었다. 벽과 수면은 빛의 수신자로서, 시간의 변화와 함께 시시각각 변화한다. 비록 용도로 쓰인 건축 공간이지만, 한없이 예술의 영역까지 파고든 광경으로 승화되고 있다.

매주 토요일 아침 8시, 노령의 바라간은 스스로 문을 열고, 길라디와 친구들을 맞아들였다. 3년 동안이나 그들은 아침 식사를 함께했다고 한다. 아침 식사라고는 하지만 혼자 있을 때는 술을 입에 대지 않았던 바라간이 샴페인을 터뜨리고, 세계를 여행했던 기억들, 평생에 걸쳐 관련되어 온 사람들의 이야기, 그리고 조예가 깊었던 미술에 관한 이야기 등, 정성스럽게 모아온 책을 보여주며 매번 3시간 정도에 걸쳐서 차분히 마주 대하는 시간이었다고 한다. 젊은 클라이언트의 의뢰를 통해 그는 기꺼이 세대를 뛰어넘는 모습을 보여주려고 했던 것은 아닐까?

"그는 인생에서 소중한 모든 것을 나에게 아낌없이 선물했다." -프란시스 길라디

Ottolenghi house

“詩學 · 시학”이 탄생할 때

오토렝기 저택

설계: **카를로 스카르파**

준공: 1978년

엔트런스를 바라보다. 외벽은 콘크리트와 거친 텍스처의 조합. 거대한 원기둥은 돌과 콘크리트를 번갈아 가며 쌓아 올려 만들었다.

오래전부터 건축가들이 자문해 온 「건축은 "시"일까?」라는 물음. 이것에 대해 「물론 건축은 "시"이다」라고 라이트는 분명하게 말했다. 그리고 그 예로 든 것이 카를로 스카르파이다.

길라디 저택[146쪽]의 완성으로부터 약 20년 후, 스카르파가 만년에 다룬 이 주택은 베로나(이탈리아)의 북쪽에 있는 가르다 호수가 보이는 녹음이 우거진 부지에 서 있다.

한눈에 이 건축 전체의 모습을 엿볼 수는 없다. 콘크리트(옹벽과 건축 그 자체) 사이를 마치 파고 들어간 듯한 계단과 배수를 위한 경사면이 잡힌 벽돌 지붕이 보일 뿐이다. 이 어프로치와의 높낮이 차이가 오토렝기 저택의 플랜을 특징적으로 만들어 주고 있다. 부지의 조건인 높이 제한이 심해서 원래의 지반보다 높은 건축물을 만드는 것이 불가능했던 것이 지형에 따른 건물 모양을 이끌었다. 즉, 부정형의 평면 형상은 경사진 지형과의 〈대화〉를 통해 생겨난 것이다.

내부 공간으로 눈을 돌리면, 여러 가지 요소들이 건축적으로, 또는 가구적으로 춤을 추고 있다. 돌과 콘크리트를 적층한 듯 마감된 원기둥은 스케일적으로나 배치적으로 큰 존재감을 가져온다.

욕실 쪽에서 계단 너머로 거실을 바라보다. 이 주택의 중심적 인 존재인 책장(사진 왼쪽)에는 벽난로도 제작되어 있다.

미묘한 배수로 기울기를 따라가도록 구성된 천장과 둥근 기둥과의 접점을 보면, 천장에서 곡선으로 마치 마중 나가듯 거무스름한 스타코가 연속적으로 연결되어 있다. 이 때문에 원기둥이 마치 그 자리에 독립적으로 놓여 있는 것처럼 느껴진다. 칸막이벽도 천장과 가장자리를 자름으로써 어디까지가 건축의 칸막이이고 어디서부터가 구조 가구인지 뚜렷이 선을 긋지 않았다. 즉, 각각의 요소들이 주종의 구별 없이 사물로서의 독립성을 높인다. 지형으로부터 연속되게 단차를 설치한 바닥은, 실내에 아늑한 장소의 연속감을 만들어 내고, 각각의 장면을 이어간다.

스카르파는 다양한 직종의 장인들과 만들기를 즐겼다. 아침에 약했다는 그는, 저녁에 공방을 찾아가서 새로운 디테일에 대해 밤늦게까지 의견을 주고받았다고 한다. 장인들도 좀처럼 끝나지 않는 일에 불평하지 않고, 건축가와의 시간을 소중히 했다. 마감에 사용되는 벽이나 천장의 스타코도 스카르파가 장인들과 소생시킨 것이다.

Data
소재지: 베로나
(이탈리아)
층 수: 지상 1층

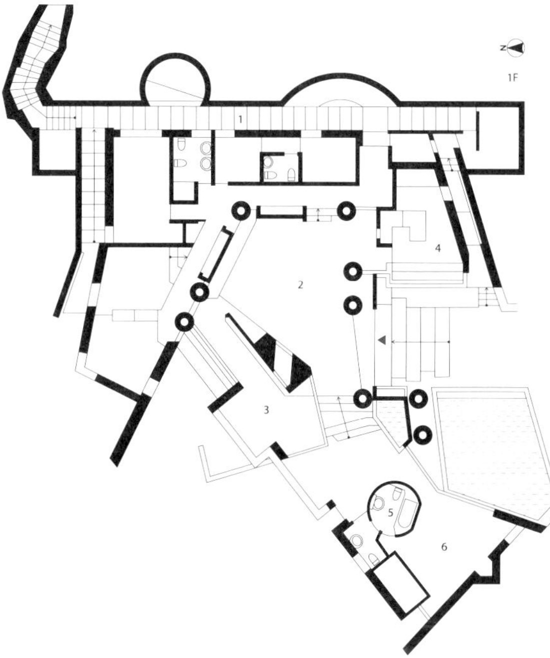

1. 포장도로
2. 리빙
3. 서재
4. 키친
5. 욕실
6. 주침실

이것이 공간에 선명한 색과 윤기를 불어넣었다.

바닥에는 현장 연마 테라조[※1]가 시공되어 있으며, 곡면으로 디자인된 금속 조각이 띠 모양으로 박혀있다. 언뜻 보기에 재미있는 놀이로도 볼 수 있는 디테일이지만, 소재 특성에 의해 발생하는 균열을 이 부분에 집중하도록 하고 그 밖의 부분들이 잘 깨지지 않도록 고안된 디테일이다.

전체를 구성하는 건축의 요소도, 그 안에서 전개되는 디테일도, 각각 행동의 「자유」를 느끼고 있는 듯하다. 그 「자유」는 부지 상황이나 장인들과의 〈대화〉에서 차츰 형태를 이루고, 스카르파가 고른 많은 선택의 끝에 존재한다. 결과적으로, 건축 공간에 독특한 "시학"이 탄생한 느낌을 준다.

「건축은 「시」이다. 하지만 「시적」인 건축을 만든다고 절대로 단언할 수는 없다. 「시」는 그 자신 속에서 태어나는 것이니까. 소재, 그리고 건축 자신이 그 안에 시를 가지고 있다. 그것이 자연의 섭리라는 것이다」 -카를로 스카르파

※1 이탈리아의 전통적인 바닥 마감 공법. 대리석이나 화강석 등을 혼합하여 콘크리트를 형성한 것으로, 다채로운 색조의 돌을 부순 듯한 모자이크풍 디자인이 특징.

Architecture Index

세계명작주택지도

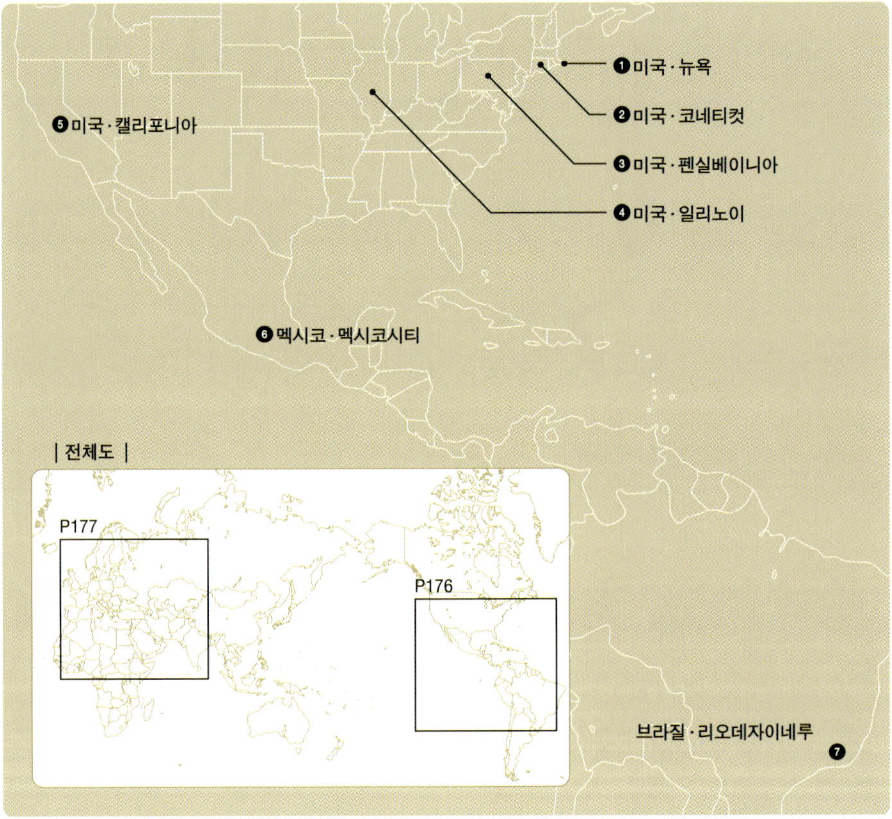

❶[미국 · 뉴욕]
과스미 저택 겸 아틀리에 / 찰스 과스미 (p156)

❷[미국 · 코네티컷]
유리 집 / 필립 존슨 (p112)

❸[미국 · 펜실베이니아]
낙수장 / 프랭크 로이드 라이트 (p076)
에셔릭 저택 / 루이스 칸 (p140)엄마의 집 / 로버트 벤츄리 (p152)

❹[미국 · 일리노이]
로비 저택 / 프랭크 로이드 라이트 (p008)
판스워스 저택 / 미스 반 데어 로에 (p118)

❺[미국 · 캘리포니아]
신들러 저택 / 루돌프 신들러 (p012)
에니스 저택 / 프랭크 로이드 라이트 (p016)
로벨 비치하우스 / 루돌프 신들러 (p026)
로벨 저택 / 리처드 노이트라 (p038)
V.D.L. 리서치 하우스 / 리처드 노이트라 (p068)
임스 저택 / 찰스 & 레이 임스 (p106)

❻[멕시코 · 멕시코시티]
바라간 저택 / 루이스 바라간 (p092)
길라디 저택 / 루이스 바라간 (p168)

❼[브라질 · 리오데자이네루]
카노아스 하우스 / 오스카르 니에메예르 (p126)

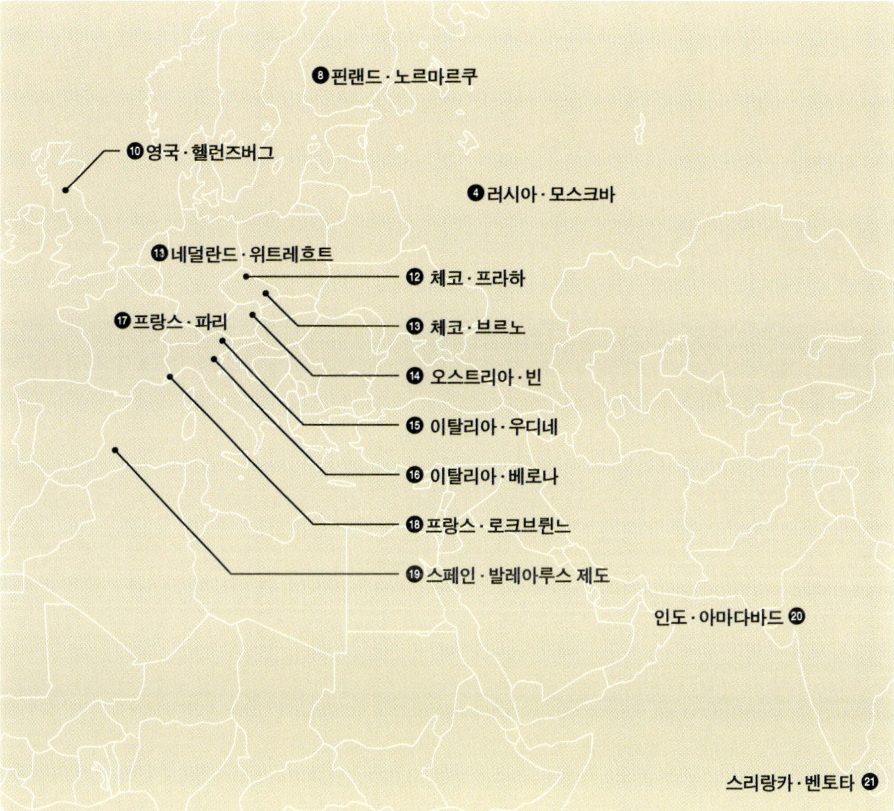

❽[핀란드 · 노르마르쿠]
마이레아 저택 / 알바 알토 (p082)

❾[러시아 · 모스크바]
멜니코프 저택 / 콘스탄틴 멜니코프 (p030)

❿[영국 · 헬런즈버그]
힐 하우스 / 찰스 맥킨토시 (p009)

⓫[네덜란드 · 위트레흐트]
힐 하우스 / 게리트 리트펠트 (p022)

⓬[체코 · 프라하]
뮐러 저택 / 아돌프 로스 (p050)

⓭[체코 · 브르노]
투겐트핫 저택 / 미스 반 데어 로에 (p054)

⓮[오스트리아 · 빈]
스톤버러 저택 / 루드비히 비트겐슈타인 (p034)

⓯[이탈리아 · 우디네]
베리티 저택 / 카를로 스카르파 (p146)

⓰[이탈리아 · 베로나]
오토렝기 저택 / 카를로 스카르파 (p172)

⓱[프랑스 · 파리]
사보아 저택 / 르코르뷔지에 (p060)
유리 집 / 피에르 샤로 (p072)
까레 저택 / 알바 알토 (p134)

⓲[프랑스 · 로크브륀느]
E · 1027 / 아일린 그레이 (p042)

⓳[스페인 · 발레아루스 제도]
칸 리스 / 요른 웃손 (p162)

⓴[인도 · 아마다바드]
사라바이 저택 / 르코르뷔지에 (p130)

㉑[스리랑카 · 벤토타]
루누강가 / 제프리 바와 (p100)

세계명작주택년표

카테고리 범례 [반]: 일반사항, [예]: 예술운동]

서기	주택명(건축가)	지역	시사연표
1853			[반] 크림 전쟁/페리 내항
1859	**레드하우스**(필립 웹)	유럽	[반] 安政의 大獄
1867			[반] 德川幕府가 大政奉還을 행함
1882			[예] 아트 앤드 크라프트 운동
1887	**로우 저택**(매킴 미드 & 화이트)	미국	
1889			[반] 일본국 헌법 발포
1892	**타셀 저택**(빅토르 오르타)	유럽	
1894	**윈즐로 저택**(프랭크 로이드 라이트)	미국	[반] 청일전쟁
1898	**오르타 자택**(빅토르 오르타)	유럽	[반] 미국 · 스페인 전쟁/에디슨이 영화를 발명
1900	**글뤼커르트의 작은 집**(요제프 마리아 올브리히)	유럽	[반] 일본, 파리만국박람회에 참가출품
1901	**베렌스 자택**(피터 베렌스)	유럽	
1903	**힐하우스**(찰스 레니 매킨토시)	유럽	[예] 빈 공방설립
1905			[반] 아인슈타인이 특수상대성이론을 발표
1907	**릴 저택**(미스 반 데어 로헤)	유럽	[예] 독일공작연맹 설립
1908	**겜블 하우스**(그린 & 그린)	유럽	
1909	**로비 저택**(프랭크 로이드 라이트)	유럽	[예] 이탈리아 미래파
1910	**슈타이너 저택**(아돌프 로스)	유럽	[반] 중국, 신해혁명/로알 아문센이 남극 원정
1911	**슈토클레트 저택**(요제프 호프만)	유럽	
1912			[반] 원호 「大正」으로 개원
1914			[반] 제1차세계대전 발발
1915			[예] 러시아 구성주의 [예] 디자인산업평의회 설립
1917	**슈워브 저택**(르코르뷔지에) **스넬만 저택**(에릭 군나르 아스푸룬드)	유럽 유럽	[반] 러시아 혁명 [예] 데 스틸
1918			[반] 제1차세계대전 종료 [예] 종합예술지 「레스프리 누보」 창간(프랑스)
1919			[예] 바우하우스 개교
1920	**저맨 웨어하우스**((프랭크 로이드 라이트)	미국	[반] 일본이 국제연맹에 가맹
1922	**쉰들러 저택**(루돌프 쉰들러)	미국	

서기	주택명(건축가)	지역	시사연표
1924	**에니스 저택**(프랭크 로이드 라이트)	유럽	
	슈뢰더 저택(게리트 토마스 리트펠트)	유럽	[예] 슈레알리즘(초현실주의)
1925	**라 로슈 잔느레 저택**(르코르뷔지에)	유럽	
	레만 호수의 작은 집「어머니의 집」(르코르뷔지에)	유럽	
1926	**로웰 비치 하우스**(루돌프 쉰들러)	미국	[반] 원호「昭和」로 개원
1927	**트리스턴 차라 저택**(아돌프 로스)	유럽	
	바이센호프 지들룽(미스 반 데어 로에 등)		
	멜리니코프 저택(콘스탄틴 멜리니코프)		
1928	**스톤보로 저택**(루드비히 비트겐슈타인)	유럽	[예] 근대국제회의[CIAM] 개최
1929	**로벨 저택「건강주택」**(리차드 노히트라)	미국	[반] 세계대공황
	E · 1027(아이린 그레이)	유럽	
1930	**뮐러 저택**(아돌프 로스)	유럽	
	튀겐트하트 저택(미스 반 데어 로에)	유럽	
1931	**사보아 저택**(르코르뷔지에)	유럽	[반] 만주사변
1932	**유리의 집**(피에로 샤로)	유럽	
	V.D.L 리서치 하우스(리차드 노이트라)	유럽	
1933	**슈밍크 저택**(한스 샤로운)	유럽	
1936	**알토 저택**(알바 알토)	유럽	
1937	**낙수장**(프랭크 로이드 라이트)	미국	[반] 중일전쟁 발발
	여름의 집(에릭 군나르 아스푸른드)	유럽	
	그로피우스 저택(발터 그로피우스)	미국	
1938	**빌라 말라파르테**(아달베르토 리베라)	유럽	[반] 국가총운동원법설립
1939	**마이레아 저택**(알바 알토)	유럽	[반] 제2차세계대전 발발
1942	**더 박스**(랄프 아스킨)	유럽	[반] 관문해저터널 개통
1946	**카우프만 저택**(리차드 노이트라)	미국	[반] 신일본국헌법 공포
1947	**브로이어 저택**(마르셀 브로이어)	유럽	
	바라간 저택(루이스 바라간)	중남미 · 아시아 · 오세아니아	

서기	주택명(건축가)	지역	시사연표
1948	**트윗치엘 저택**(폴 루돌프)	미국	
1949	**임즈 저택**(찰스와 레이 임즈)	미국	
	포드 저택(브루이스 가프)	미국	
	유리의 집(필립 존슨)	미국	
1950	**판스워스 저택**(미스 반 데어 로에)	미국	[반] 한국전쟁 발발
	록펠러 게스트 하우스(필립 존슨)	미국	[예] 독일공박연맹 재건
1951	**글래스 하우스**(리나 보 바르디)	중남미 · 아시아 · 오세아니아	[반] 센프란시스코 평화조약
	카프마르텡의 작은집(르코르뷔지에)	유럽	[예] 일리노이 공과대학 개교
1953	**여름의 집**(알바 알토)	유럽	
1954	**카노아스의 집**(오스카르 니에메예르)	중남미 · 아시아 · 오세아니아	
1955	**사라바이 저택**(르코르뷔지에)	중남미 · 아시아 · 오세아니아	울름조형대학 개교
1956	**쇼단 저택**(르코르뷔지에)	중남미 · 아시아 · 오세아니아	
1957	**밀러 저택**(에로 사리넨)	미국	[반] 소련이 세계 최초로 인공위성을 발사함
1958			브뤼셀 만국박람회
1959	**카레 저택**(알바 알토)	유럽	
	피파이 저택(마르셀 브로이어)	미국	
	케이스 스터디 하우스 #22(피에르 코닉)	미국	
1961	**에셔릭 저택**(루이스 칸)	미국	
	베리티 저택(카를로 스카르파)	유럽	[반] 베를린 장벽 설치
1962	**튜브 하우스**(찰스 코레아)	중남미 · 아시아 · 오세아니아	
1963	**아스킨 자택**(랄프 아스킨)	유럽	[반] 케네디 대통령 암살
	터비에스 저택(호세 안토니오 코데르크)	유럽	
1964	**실런치**(찰스 무어)	유럽	[반] 도쿄올림픽 개최
	엄마의 집(로버트 벤츄리)	미국	
1966	**과스미 저택 겸 아틀리에**(찰스 과스미)	미국	[반] 문화대혁명(중국)
1967	**피셔 저택**(루이스 칸)	미국	[반] 몬트리올 만국박람회
1968	**주택 1호(피터 아이젠만)**	미국	

서기	주택명(건축가)	지역	시사연표
1969	**양친의 집**(리차드 로저스)	유럽	[반] 아폴로 11호, 인류발 달 착륙 [반] 5월 혁명(프랑스)
1970	**파리의 스튜디오**(샤를롯 페리언)	유럽	[반] 일본 만국박람회
1972	**칸 리스**(요른 웃손)	유럽	
	스나이더만 저택(마이켈 그레이브스)	미국	
1973	**리바 산비탈레의 주택**(마리오 보타)	유럽	[반] 석유위기로 물가 상승 [반] 베트남 전쟁 종결
	더글라스 저택(리차드 마이어)	미국	
1974	**델비고트 저택**(장 누벨)	유럽	
1975	**카사 보필**(리카르도 보필)	유럽	
1976	**베이레스 저택**(알바로 시자)	유럽	
1978	**히랄디 저택**(루이스 바라간)	중남미 · 아시아 · 오세아니아	
	오트렝기 저택(카를로 스카르파)	유럽	
1979	**게리 저택**(프랭크 게리)	미국	[반] 이란 혁명
1980	**블루하우스**(헤르조그 드 뫼론)	유럽	[반] 이란 · 이라크 전쟁발발
1981	**맛사뇨의 집**(마리오 보타)	유럽	[예] 멤피스 결성
1982	**브로셱 저택**(마이켈 그레이브스)	미국	
1984			[예] 애플이 초대 맥킨토시 발표(미국)
1987	**휘트니 저택**(마크 맥)	미국	
1989	**슈나벨 저택**(프랭크 게리)	미국	[반] 천안문 사건(중국)
1990	**바스크 저택**(스베르 휀)	유럽	[반] 베를린 장벽 붕괴, 동서독 통일
	아라카네나 저택(소우토 데 모우라)	유럽	
1991	**다라바 저택**(렘 콜하스)	유럽	
1992	**스트레이트 하우스**(스테반 홀)	미국	[반] 만안 전쟁
1994	**심슨 리 저택**(G 머킷)	중남미 · 아시아 · 오세아니아	
1995	**라 콜로라다 하우스**(리카르도 레고레타)		
1997	**브레이즈 저택**(모포시스)	미국	
	더블 하우스(MVRDV)	유럽	
	네그로 하우스(A. 카라치 & D. 알버스)	미국	
1998	**보르도의 집**(렘 콜하스)	유럽	
	바워 저택(제프리 바워)	중남미 · 아시아 · 오세아니아	

건축가 색인 건축가 색인 ( )은 생존년을 표시함

참고문헌

『고독한 산책자의 몽상』 루소, 今野一雄(譯), 岩波文庫, 1960／『건축을 목표로』 르코르뷔지에, 吉阪隆正(譯), 鹿島出版會, 1967／『알바 알토』 武藤章, 鹿島出版會, 1969／『巨匠미스의 遺産』山本學治, 滔葉武司, 彰國社, 1970／『GA　No.32〈 르코르뷔지에 〉사라바이 저택1955／쇼당 저택1956』에디에디터 · 도쿄, 1974／『나의 루이스 칸』工藤國雄, 鹿島出版會1975／『GA디테일 No.1 미스 반 데어 로에 팬스 워스 저택 1945-50』미스 반 데어 로에, 二川幸夫, 北村修一(編),에디에디터 · 도쿄, 1976／『건축의 다양성과 대립성』 R · 벤추리, 伊藤公文(譯), 1982／『알 비반 1985年16號 特集 : 비트겐슈타인의 건축』 磯崎新, 足立美比古, 西武美術館, 1985／『카를로 스카르파』 S D 編集部(編), 鹿島出版會, 1985／『루이스 칸과의 18년』오거스트 · 4E · 코만던트, 小川英明(譯), 明現社, 1986／『유리의 집　달자스 저택 La Maison de Verre／Pierre Chareau』피에르 샤르로, 二川幸夫, 三宅理一(譯), 에디에디터 · 도쿄, 1988／『카를로 스카르파』아시 프랜체스카 마르치노 (編), 浜口 오사미 (譯), 鹿島出版會, 1989／『아이린 그레이 건축가 · 디자이너』피터 아담, 小池一子(譯), 리포트, 1992／『루이스 바라간의 건축』齋藤裕, TOTO出版, 1992／『근대 시대의 주거』黑宅澤隆, 미디어 팩토리, 1993／『스페이스 디자인 第328號　카를로 스카르파 圖面集』SD編集部(編),鹿島出版會, 1992／『프랭크 로이드 라이트의 주택(第卷)콘크리트 및 콘크리트 블록의 주택』프랭크 로이드 라이트 二川幸夫, 에디에디터 · 도쿄, 1994／『르코르뷔지에』노르베르트 후제, 安松孝(譯), PARCO出版' 1995／『GA　No.76〈 루이스 칸 〉에슐릭 저택 1959-61／피셔 저택 1960-67』루이스 칸, 二川幸夫, 細谷巖(編), 에디에디터 · 도쿄, 1996／『케이스 스터디 하우스 플로트 타입의 시도』植田實(監), 岸和郎, 거주 圖書館出版局, 1997／『世界現代住宅全集13　피에르 샤로 유리의 집(달자스 저택)』 二川由夫, 二川幸夫(編), 에디에디터 · 도쿄, 1997／『GA No.48〈루이스 바라간〉』루이스 바라간, 二川幸夫, 細谷巖(編), 에디에디터 · 도쿄, 1997／『建築의 詩人 카를로 스카르파 』齊藤裕, TOTO出版, 1997／『루돌프 쉰들러 캘리포니아의 모던 리빙』데이빗 게파드, 末包伸吾(譯), 鹿島出版會, 1999／『反哲學的斷章－文化와 價値』루드비히 비트겐슈타인 丘澤靜也(譯), 靑土社, 1999／『栖十二』磯崎新, 주거 圖書館出版局, 1999／『콘스탄틴 멜리니코프의 建築1920s - 1930s (갤러리 · 間叢書)』리셧 무리길딘, 갤러리間(編), TOTO出版, 2002／『카사 바라간』齋藤裕, TOTO出版, 2002／『루이스 바라간 조용한 혁명』페데리카 잔코(編), 인터오피스, 2002／『Carlo Scarpa an architectural guide』세르지오 로스, 아르세날레, 1995／『X-Knowledge HOME17 미스 반 데어 로에』엑스널러지, 2003／『루이스 칸의 전 주택 : 1940-1974』齋藤裕, TOTO出版, 2003／『裝飾과 犯罪－建築 · 文化論集』아돌프 로스 伊藤哲夫(譯), 中央公論美術出版, 2005／『빌라　마이레아　알바 알토』齋藤裕, TOTO出版, 2005／『르코르뷔지에의 인도』彰國社(編), 北田英治(寫眞), 彰國社, 2005／『미스 반 데어 로에 진리를 찾아서』高山正實, 鹿島出版會, 2006／『評傳 미스 반 데어 로에』프란츠 슐츠, 澤村明(飜譯), 鹿島出版會, 2006／『리차드 노이트라』바바라 램프레흐트, 타셴 재팬, 2007／『未完의 建築家 프랭크 로이드 라이트』에이다 루이즈 학스터블, 三輪直美(譯), TOTO出版, 2007／『유리이카 2007年5月號』, 靑土社, 2007／『르코르뷔지에 사브아 저택－1931 프랑스』宮本和義(寫眞), 山名義之, 바나나북스 2007／『Lunuganga』 제프리 바워, 타임즈 에디션스, 2007／『20世紀名住宅選集』콜린 데이비스, 八木幸二(監), 杉山 마도카(譯), 丸善出版, 2007／『오스카 니마이어　형태와 공간』 오스카 니마이어, 二川幸夫 (編), 에디에디터 · 도쿄, 2008／『AALTO 10 Selected Houses 알토의 주택』齋藤裕, TOTO出版, 2008／『미국의 명작 주택에서 살다』田中厚子, 建築資料研究社, 2009／『마이레아 저택／알바 알토 (헤븐리 하우스-20世紀名作住宅을 둘러싼 여행 4)』 松本淳, 五十嵐太朗, 後藤武(監), 東京書籍, 2009／『게다가, 두꺼운 것이 좋아?』小山薰堂, 富增章成(監), 扶桑社, 2010／『a+u　2011年9月號』新建築社, 2011／『북유럽 모던 하우스 건축가가 사랑한 자택과 별장』和田菜穗子, 學芸出版社, 2012／『增補新裝 컬러版 世界디자인史』阿部公正(著 · 監), 神田昭夫, 高見堅志郎, 美術出版社, 2012／『20世紀世界의 名作住宅』도미니크 브래드베리, 리처드 파워즈, 엑스널러지, 2013／『세상에서 가장 아름다운 명작 주택의 해부도감』中山繁信, 松下希和, 伊藤茉莉子, 齋藤玲香, 엑스널러지, 2014／『건축가 피에르 샤로와 유리의 집?』 퐁피두센터, 파리 국립근대미술관(編), 파나소닉시오도메 뮤지엄(編), 鹿島出版會, 2014／『루이스 바라간 공간의 독해』大河內學 · 廣澤秀眞, 明治大學大河內研究室(編著), 彰國社, 2015／『해독 제프리 바와의 건축-스리랑카의「애니즘 모던」』岩本弘光, 彰國社, 2015／『熱帶建築家 제프리 바와의 모험』猥研吾, 山口由美, 新潮社, 2015／『世界現代住宅全集25 아돌프 로스 뮐러 저택 모라 저택』二川由夫, 에디에디터 · 도쿄, 2017／DVD『아이린 그레이 고고의 디자이너』마르코 오르시니(監), 트랜스포머, 2018／『世界의 建築家解剖圖鑑』大井隆弘, 市川紘司, 吉本憲生, 和田隆介, 엑스널러지, 2018／『웃촌의 창의 집 마요르카 섬의《캔 리스를 둘러싼 단장》』 和田菜穗子, 彰國社, 2019

사진출처

Aflo : 12,14,16,28,30,32,34,42,44~46,56,57,76,79,80,82,84,106,120,126,128,134,136,162,164,165

Aflo · ARTUR IMAGES : 172,174

大河內學 · 廣澤秀眞 : 92,94~97,168,170

栗原宏光 : 140,143

西野奈美 : 52

廣部剛司 : 6,7,18,36,50,60,62,63,72,100,102,103,108,118,121,142,146,152,154

村角創一 : 38,40

Alamy : 8,22,24,26,54,112,114,130,156,158

사진판권자
Aflo, alamy, 大河内學, 廣澤秀眞, 西野奈美, 村角創一, 栗原宏光, 松島由林

히로베 타케시
廣部剛司(Takeshi Hirobe) 건축가 · 廣部剛司建築研究所 代表
1968년 가나가와현 출생. 1991년에 일본 대학 이공학부를 졸업 후, 아시하라 건축 설계 연구소에 입소. 7년 근무 후 8개월에 걸쳐 세계의 명건축을 찾아다닌다. 귀국 후인 1999년 히로베 타케시 건축설계실 설립. 2009년 주식회사 히로베 타케시 건축연구소로 개편. 현재, 일본 대학 · 메이지 대학 강사. 저서로『사이드웨이 건축으로의 여행』(TOTO출판),『일본의 주택을 디자인하는 방법 2』(공저, 엑스널리지)가 있다.
www.hirobe.net

유호철(역자)
종합건축사사무소 정림건축 근무
日本 니켄세케이 파견연수(2016~2017)

세계의 아름다운 주택
Beautiful houses of the world
2021년 7월 10일 1쇄 발행

히로베 타케시 지음 | 유호철 옮김
펴낸이 김기현 | 펴낸곳 도서출판 시공문화사
등록 1993년 3월 12일
03733 서울시 서대문구 독립문공원길 13 극동프라자 5층
TEL 02-3147-1212 · 2323 FAX 02-3147-2626
인쇄 예림인쇄 | 제본 아이앤북 | 용지 (주)대림지업사
ISBN 89-5592-448-0 93540

정가 15,000원